Inhalt

Wohnwelten

Je größer, desto besser ... 20
Wohnen nach Wunsch ... 22
Selbstbau-Wohnungen ... 24
Freilauf im Zimmer ... 26
Wohnwelten im Garten ... 28
Intelligentes Wohnen ... 32
So wird's nicht langweilig ... 36

SPEZIAL

Lern- und Bewegungsspiele ... 38

Tipps und Anregungen für Spiele, die Mensch und Meerschweinchen Spaß bereiten können – so kommt keine Langeweile auf.

Zusammenleben mit Meeris

Heu satt ... 42
In Gesellschaft mit anderen Tieren ... 44
Babys – ja oder nein? ... 50
Richtig kuscheln ... 54
Meeris in der Familie ... 56

SPEZIAL

Körpersprache verstehen ... 48
Tierschutz ... 52

Lernen Sie Verhalten und Körpersprache Ihrer Quieker richtig zu deuten. Erkenntnisse der Verhaltensforschung finden ihren Niederschlag im Tierschutzgesetz.

Leben mit fröhlichen Quiekern

Ein großer, abwechslungsreich gestalteter Käfig und der kontrollierte Freilauf im Zimmer können aus Meerschweinchen wahre Temperamentsbündel und „Renntiere“ machen! Das komplexe Sozialleben in einer größeren Gruppe verbunden mit mehr „Action“ ist toll zu beobachten.

Schlecht gehaltene Schweinchen in eintöniger Umwelt werden schnell etwas stumpfsinnig. Wenn die „Quieker“ aber all ihre Verhaltensweisen und Fähigkeiten ausleben können, zeigen sie, was wirklich in ihnen steckt. Mit ihrem Charme und ihren netten Lautäußerungen werden sie Ihr Herz erobern!

Wir wollen Ihnen in diesem Buch ein paar Tipps und Anregungen geben, die Haltungsbedingungen zu verbessern. Ihre kleinen Lieblinge sollen sich doch wohlfühlen! Und je wohler sie sich fühlen, desto mehr Freude machen sie! Manche Tipps erfordern ein wenig Mehrarbeit, aber Sie werden sehen, es lohnt sich!

Schweinchen nur im Team

6 Ein Meerschweinchen ist kein Meerschweinchen

8 Wer mit wem?

10 Die Sache mit den Böckchen

12 Mein neues Meeri

SPEZIAL 14 Rasse oder Hausmeerschweinchen?

16 Rex, Texel und Co.

Ein Meerschweinchen ist kein Meerschweinchen

Meerschweinchen sind hochsoziale Gruppentiere! Ein Mensch kann niemals einen adäquaten Sozialpartner ersetzen, auch wenn er sich noch so intensiv und wohlwollend mit dem Schweinchen beschäftigt. Ihr artspezifisches Verhalten können die südamerikanischen Nager nur unter Artgenossen ausleben. Jeder, der einmal eine Zeit lang eine Meerschweinchen-Gruppe beobachtet hat, kann daran keinen Zweifel haben.

Wer passt zu wem?

Wenn Sie sich nach reiflicher Überlegung entschlossen haben, dass Sie mit Meerschweinchen leben wollen, geht es darum, das richtige Team zusammenzustellen. Vorab sollten Sie sich im Klaren sein, ob Sie einmalig eine Meerschweinchengruppe anschaffen wollen, die sich in den nächsten Jahren wohlfühlt, oder ob Sie unter Umständen zu einem späteren Zeitpunkt ein Tier dazunehmen oder sogar einmal Nachwuchs möchten.

- **Haben Sie** bereits Erfahrung mit der Meerschweinchenhaltung? Haben Sie Freude am reinen Beobachten des Verhaltens Ihrer vierbeinigen Mitbewohner? Dann ist die Anschaffung einer Gruppe von drei oder mehr Schweinchen lohnenswert.
- **Oder ist** es vordringlich, dass Ihr Kind vom Umgang mit den ersten Heimtieren profitiert und zu diesen einen engen Kontakt aufbauen und sie regelmäßig herausnehmen kann? In diesem Fall ist auch ein Team von zwei männlichen Tieren ideal.

Zusammentreffen fremder Tiere

Bevor man zwei Tiere, die sich noch nicht kennen, zusammensetzt, ist es empfehlenswert, den Käfig völlig auszumisten und neu einzurichten, um bestehende

Beobachtungen bei Männchen-Teams

Wenn es beim Fressen von einer Stelle Probleme gibt, kann das Schaffen einer zweiten Futterstelle – eventuell auf der anderen Ebene – zur Beruhigung beitragen.

Das Schaffen von Ablenkungs- und Beschäftigungsmöglichkeiten ist bei Bockhaltung ebenfalls besonders wichtig.

Nach Möglichkeit sollten die zwei Böcke niemals getrennt werden und keiner sollte Kontakt zu Weibchen haben. Nach einer vorübergehenden Trennung kann es nämlich passieren, dass die beiden sich nicht mehr vertragen.

Nur mit Artgenossen können Meerschweinchen adäquat kommunizieren.

Gerüche des Tiers, das den Käfig bereits bewohnt hat, zu minimieren. Es empfiehlt sich einen großen Heuberg zum Verkriechen anzubieten. Außerdem kann es sinnvoll sein, die Meeris mit etwas Wasser zu bespritzen oder mit Gurkensaft oder Fencheltee einzureiben. Man kann auch das Hinterteil des Neuankömmlings mit verschmutzter Einstreu der Gruppe abreiben. So werden fremde Gerüche reduziert, die Aggressionen hervorrufen könnten.

▸ **Natürlich merken** die Schweinchen trotz all dieser Maßnahmen sofort, dass sie einander noch nicht kennen – es geht darum, den Heimvorteil der Eingesessenen zu verkleinern und alle Tiere etwas zu verwirren, denn in einer ungewohnten Situation hält man eher zusammen.

▸ **Besonders bei** solchen Tieren, die über einen längeren Zeitraum (über ein Jahr) allein sein mussten, kann das Zusammengewöhnen mit einem Partnerschweinchen problematisch sein.

▸ **Ausprobieren** sollte man es im Interesse des Tieres aber doch, vielleicht kann man mit einem Meerschweinchenanbieter das probeweise Ausborgen eines Meerschweins aushandeln. ●

SMART

Zusammen leben

› **Es muss nicht immer** eine Weibchengruppe sein. Unter Beachtung verschiedener Punkte können auch Männchen harmonisch zusammenleben. Verändertes Gewicht, durch regelmäßige Kontrollen ermittelt, gibt Auskunft über möglichen Stress, Krankheiten oder über Trächtigkeit. Unglückliche Meerschweinchen verlieren an Gewicht. Regelmäßiges Wiegen gibt somit Hinweise auf ihr Wohlergehen.

Wer mit wem?

Der natürlichen Gruppenstruktur von Meerschweinchen entspricht zweifellos die Haltung von einem (kastrierten) Männchen und einem oder besser mehreren Weibchen.

Die Haltung zweier unkastrierter oder kastrierter Männchen ist auch eine empfehlenswerte Variante, vor allem da meist ein Männchenüberschuss herrscht.

▸ **Übrigens** ist es ein Vorurteil, dass männliche Quieker „mehr stinken" als weibliche.

▸ **Hingegen** sind Männchen, abgesehen von den großen individuellen Unterschieden, in ihrem Wesen oft zutraulicher und ruhiger als Weibchen.

▸ **Böcke** sind nicht ganz so einfach zu vergesellschaften wie Weibchen.

Auch Männchen *können wunderbar harmonieren.*

Männchen zusammensetzen

Empfehlenswert ist es, zwei Brüder oder Männchen, die sich bereits aus der „Kinderstube" kennen, auszuwählen. Der Idealfall ist, Tiere aussuchen zu können, die sich offensichtlich bereits „mögen".

▸ **Am besten** setzt man entweder zwei Jungböckchen zusammen oder einen erwachsenen Meer-Eber mit einem Jüngling. Vergesellschaftet man zwei Erwachsene, ist das Risiko gröberer Auseinandersetzungen am größten!

▸ **Eine ausreichende** Größe des Käfigs ist bei dieser Form der Vergesellschaftung besonders wichtig: am besten ist ein Selbstbaukäfig mit einer zweiten Ebene und Rückzugsmöglichkeiten für beide Tiere.

▸ **Das Anbieten** von Häuschen ist weniger empfehlenswert. Zumindest sollten sie jedoch zwei Ein- bzw.

Ausgänge haben. Besser geeignet sind Kuschelröhren, Hängematten, Holz- oder Weidenröhren mit zwei Öffnungen als Ausweichmöglichkeit.

Besser kastriert?

Wenn zwei Männchen sich partout nicht verstehen, nutzt meist auch die Kastration von einem Tier oder von beiden nichts! Getrennt werden sollten die Böcke, wenn es blutige Kämpfe gibt und ein Tier deutlich leidet, zum Beispiel an Gewicht verliert oder ständig flüchten muss. Viele Meerschweinchenkenner berichten von guten Erfahrungen mit der Gabe von Bachblüten-Notfalltropfen zur Stressreduzierung und Förderung der Harmonie in Krisensituationen. Manche Streithähne können dann auch in einer Art „Waffenstillstand" zusammen leben: es besteht keine große Harmonie, aber es wird nicht (mehr) gekämpft.

SMART

Nur Weibchen

- **Das Zusammenstellen** reiner Weibchen-Gruppen ist natürlich auch eine Option, bei der es im Regelfall zu keinen Problemen kommt. Dominanz-Streitereien können den Gruppenfrieden aber beeinträchtigen.
- **Kastrierte Männchen** bringen meistens Harmonie in eine Weibchengruppe. Kastriert sollten die Böckchen sein, um Nachwuchs zu vermeiden.

Kastrierte Meeriböcke sind nicht unbedingt friedlicher.

Die Sache mit den Böckchen

Hier gibt es verschiedene Meinungen: Im Hinblick auf eine natürliche Gruppenstruktur ist die Spätkastration zu bevorzugen, da der Bock das Umwerben der Weibchen, das Streitschlichten und sonstiges typisch männliches Verhalten gelernt hat und auch weiter zeigen wird. Ein Frühkastrat wird von den Gruppenmitgliedern eher als Neutrum wahrgenommen. Um überschüssige Männchen zu vermitteln, kann die Frühkastration jedoch eine Option sein. Hinsichtlich der Vor- und Nachteile des Kastrationszeitpunktes aus medizinischer Sicht lassen Sie sich am besten vom Tierarzt Ihres Vertrauens beraten.

Der Gang zum Tierarzt kann für beide Seiten aufregend sein.

Frühkastration

Als Frühkastration wird die Operation vor der achten Lebenswoche, meist schon mit 2 bis 3 Wochen und einem Körpergewicht von 200 bis 250 g bezeichnet. Dies ist mancherorts in Deutschland und der Schweiz üblich geworden. Der frühkastrierte Bock hat sich noch nicht als Männchen in der Gruppe bewiesen und wird auch nach der Operation nicht das typische Verhalten zeigen.

- Viele Meerschweinchenhalter finden es aber gerade reizvoll, das typische Bockverhalten in ihrer Gruppe zu erleben.
- Andererseits sind mehrere Frühkastraten eher gemeinsam in einer Gruppe mit Weibchen zu halten.
- Außerdem wird die Operation vom Jungtier besser vertragen, und diese können auch ohne Wartezeit gleich wieder in die gewohnte Gruppe gesetzt werden.
- Ein nach der Geschlechtsreife kastrierter Bock kann dagegen noch bis zu 6 Wochen lang zeugungsfähig sein und muss daher noch so lange von den Weibchen getrennt bleiben.

Wenn die Operation naht

Meerschweinchen sind wegen ihres sensiblen Kreislaufs und der ständig drohenden Auskühlung besonders empfindliche Narkosepatienten. Wählen Sie möglichst einen Tierarzt,

Kurz nach der Operation ist milde Wärme wichtig.

der Erfahrung mit Schweinchen-Operationen hat!

▸ **Manche Veterinäre** empfehlen, circa 5 Tage vor einer Operation Vitamin C mittels Injektion zu verabreichen, um jeglichem Mangel vorzubeugen und die Erholungsphase der sensiblen Patienten zu verkürzen.

▸ **Neben der gängigen** traditionellen Narkosemethode mittels Injektion des Narkosemittels bieten manche Veterinäre auch die Inhalationsnarkose mit dem Gas Isofluran an. Die Vorteile dieser Methode sind kurze Einleitungs- und Aufwachphasen sowie die gute Steuerbarkeit im Vergleich zur herkömmlichen Methode.

▸ **Dafür ist** diese Methode wenig schmerzstillend. In manchen Tierarztpraxen werden auch beide Methoden kombiniert.

▸ **Nach der Operation** – besonders nach der kritischen Aufwachphase nach Injektionsnarkose – ist es wichtig, dass der Patient warm gehalten wird und möglichst rasch wieder zu fressen beginnt. Bieten Sie Ihrem Liebling gleich nach dem Aufwachen Leckerbissen und frisches Heu an. Bei gänzlicher Nahrungsverweigerung sollte eine Zwangsernährung nach Absprache mit Ihrem Tierarzt erwogen werden.

SMART

Bitte füttern

› **Meerschweinchen** sollte man niemals nüchtern zu einer Operation bringen. Im Gegensatz zu den meisten anderen Tieren können sie nicht erbrechen. Ein Unterbrechen der Nahrungszufuhr kann die gesamte Verdauung nachhaltig stören!

Mein neues Meeri

Wie zahm und zutraulich ein Meerschweinchen wird, ist mehr von seinem Charakter sowie dem Ausmaß und der Geduld, mit der Sie sich mit ihm beschäftigen, abhängig, als von seinem Alter zum Zeitpunkt der Anschaffung.

Welches Alter?

In vielen Fällen wird die Wahl aber auf junge Tiere fallen. Diese sind nicht nur besonders süß, sondern Sie lernen „Ihre" neuen Mitbewohner bereits als Jungtiere kennen, können ihre Entwicklung durch das Schaffen einer abwechslungsreichen Wohnumgebung fördern und werden nach vielen Jahren zu Ihrem alternden Schweinchen eine besonders enge Beziehung haben.

Abhängig von der Wurfgröße und dem Geburtsgewicht sollten die Jungen mindestens fünf Wochen bei der Mutter bleiben.

- **Der Tierliebhaber** wird mit der Anschaffung eines älteren Tiers oder der Kombination von älteren und jüngeren Tieren jedoch auch viel Freude haben.
- **Durch die** hohe Lebenserwartung der Nager, die Zunahme von Tierhaarallergien und die oft unüberlegte Anschaffung von Meerschweinchen herrscht kein Mangel an Tieren, die zum Fall für die Vermittlung an verantwortungsvolle Halter werden.
- **Viele Tierschutz-Organisationen** geben solche Tiere in deren Interesse nur unter Aufsetzung eines Schutzvertrags und nach genauer Absprache oder Kontrolle der Haltungsbedingungen im neuen Heim ab.

Woher die Meerschweinchen beziehen?

Tiere sollten nie spontan gekauft werden. Entscheiden Sie sich für den Kauf in der Tierhandlung, so sollten Sie die Haltung in dem Geschäft Ihrer Wahl genau unter die Lupe nehmen.

Mit einem Gewicht von etwa 250 Gramm können die Jungen ins neue Heim ziehen.

▸ Gibt es Geschlechtertrennung? Machen alle Tiere einen gesunden und munteren Eindruck? Haben sie einigermaßen ausreichend Platz zur Verfügung, ist das Gehege sauber genug und sind sie mit gutem Heu, einer Tränke und auch Frischfutter versorgt?

▸ Sie sollten auch bedenken, dass manche Tierhandlungen die Tiere aus kommerziellen Massenvermehrungszuchten beziehen, die auf das Wohl der (insbesondere Mutter-)Tiere keinen Wert legen, d. h. Zuchtweibchen dienen als „Gebärmaschinen" bis zur völligen Erschöpfung, und die auf die sorgfältige Auswahl von Zuchtkriterien nicht achtgeben.

▸ Fragen Sie nach, woher der Verkäufer die Jungtiere bezieht. Sie können Ihr Meerschweinchen aber auch bei einem sorgfältigen (Hobby-) Züchter auswählen.

▸ Oder wenden Sie sich direkt an Organisationen oder Tierheime, die Not-Meerschweinchen und oft auch Jungtiere vermitteln.

▸ Auch Hobbyzüchter bieten im Internet ihre Tiere an. Durch genaues Nachfragen können Sie sich einen Eindruck verschaffen, woher die angebotenen Tiere kommen.

SMART

Tierschutz

› **Viele Stellen** (Meerschweinchen- und Kaninchenvereine, Organisation Nager-in-Not, Tierheime, Internet-Foren) vermitteln mit viel Sorgfalt Second-Hand-Meeris. Die Vermittlung über den PC ist zweifellos praktisch und bietet Vorteile wie die Möglichkeit, Digitalfotos der Tiere anzusehen.

Rasse- oder Hausmeerschweinchen?

Bei der Frage, ob man sich für Rasse- oder „Normal"-Schweinchen entscheidet, möge man sich an den eigenen Vorstellungen orientieren. Wichtiger ist es, auf ein freundliches Wesen und eine gute Sozialisierung in den ersten Lebenswochen Wert zu legen: Diese sollten die Schweinchen im Optimalfall in einer Gruppe mit weiblichen und männlichen Artgenossen verbringen. Auch das Herausgenommenwerden sollten die Kleinen bereits gewohnt sein.

Entgegen weitläufiger Vorurteile sind die meisten Rassemeerschweinchen von verantwortungsbewussten Züchtern sogar meist vitaler und langlebiger als „Haus- und Hof-Meerschweinchen". Durch Selektion werden gewünschte Merkmale gefördert, Tiere mit negativen Eigenschaften, wie zum Beispiel der Neigung zu Zahnproblemen oder aggressivem Verhalten, werden nicht zur Zucht herangezogen.

Augenfarben kurz und fachmännisch

Die Augen der Meerschweinchen können unterschiedlich pigmentiert sein:

d.e. = Dark Eyes, dunkelbraune Augen, können auch schwarz schimmern

p.e. = Pink Eyes, rote Augen

f.e. = Fire Eyes, dunkle Augen, die rot leuchten

b.e. = Blue Eyes, dunkle Augen mit blauem Rand

Kurz- oder Langhaar?

Kurzhaarmeerschweinchen sind zweifellos pflegeleichter, ihnen muss man normalerweise keine besondere Fellpflege angedeihen lassen. Langhaarige Tiere sollten circa einmal wöchentlich mit einer Naturhaarbürste gebürstet werden, sonst kann ihr Fell verfilzen oder verschmutzen. Die Haare müssen manchmal auch gekürzt werden – besonders im Afterbereich.

Rassezucht schafft Auswahl

Die Rassezucht hat zum Ziel, bestimmte Farben, Zeichnungen und Fellstrukturen hervorzubringen. Ein sorgfältiger Züchter von Rassetieren achtet darauf, krankhafte oder ungünstige Veränderungen wie Kurzköpfigkeit, die Neigung zu Zahnfehlstellungen oder Unfruchtbarkeit im Zuchtbestand zu vermeiden. Durch das Einhalten dieser Kriterien sind Rassemeerschweinchen von verantwortungsbewussten Züchtern in der Regel gesünder, „vitaler" und langlebiger als so manches Hausmeerschweinchen aus „Kinderzimmerzucht" oder von den kommerziellen Massenzüchtern.

Die Zucht wird durch Rassestandards geregelt: Als Rassestandard wird die genau definierte Sammlung der Zuchtleitlinien bezeichnet, die üblicherweise regional (auf Landesebene) festgelegt wird und laufend an aktuelle Zuchtergebnisse angepasst wird.

Rassenmerkmale sind vor allem: Haarstruktur und Länge, Farbmöglichkeiten und Farbverteilung. Im Vergleich zu „Normalschweinchen" zeichnen sich Rassetiere auch durch eine bestimmte Körperstatur aus – Ideal-„Typ": zum Beispiel deutlicher Stiernacken, elegant nach unten hängende Ohren, breite, hohe Schulterpartie.

Alle Rassen treten auch in Satin – mit besonders glänzendem Fell – auf. Hier ist der Haarschaft hohl und die einzelnen Haare dünner, wodurch eine andere Reflexion des Lichts entsteht.

▲ **Schön anzusehen:** Liebhaber von Rassemeerschweinchen werden mit so einem hübschen einfarbig roten Kurzhaar „English Crested"-Schweinchen viel Freude haben. Die leicht hängenden Ohren sind typisch für viele Rassemeerschweinchen. Die Augenfarbe dieses Tieres wird im Fachjargon der Rassezüchter als „Dark Eyes" bezeichnet.

Kurzhaar-Rassen

- Glatthaar: Die glatthaarigen Meerschweine entsprechen am ehesten der Wildform und sind daher die älteste Rasse.

- Rosette: Diese bekannte Rasse besitzt zu Rosetten geformte Haarwirbel, die über den ganzen Körper verteilt sind. Jede Rosette sollte ein eindeutiges, nicht zu großes Zentrum haben. Die ideale Anordung der Wirbel ist im Rassestandard definiert.

- Schopf: Schopfmeerschweinchen besitzen eine Stirnrosette. Man unterscheidet „English Crested", bei denen der Stirnwirbel in der Körperfarbe gehalten ist, und „American Crested" mit weißem Stirnwirbel. Die Krone muss sich in der Mitte der Stirn befinden.

- Rex: Das Rex ist ein Kurzhaar mit sehr krauser, rauer, „federelastischer" Haarstruktur. Das Fell wurde durch Reduktion des Deckhaares und Veränderungen im Haarschaft wellig und gekräuselt. Das krause Fell ist circa 2 cm lang, wobei die Kopf- und Bauchbehaarung kürzer ausfällt. Es sollte sehr dicht und möglichst senkrecht stehen.

- US Teddy/CH Teddy: US Teddy sind von Rex-Tieren äußerlich kaum zu unterscheiden. CH Teddy besitzen etwas längere Haare.

Langhaar-Rassen

- Peruaner: Diese relativ alte Rasse trägt ihr dichtes, seidig weiches Haar lang und glatt mit zwei Rosetten im Hüftbereich, wodurch das Haar zum einen nach vorne fällt und zum anderen nach hinten die Schleppe bildet. Auf dem Kopf dieser Rassemeerschweinchen befindet sich zwischen Augen und Ohren ebenfalls eine Rosette, die das nach vorn wachsende Haar wie einen Pony über das Gesicht fallen lässt.

- Sheltie: Vertreter dieser Varietät haben ein langes Fell ohne Wirbel oder Rosetten, mit einem Scheitel am Rücken. Im Gesicht sind die Haare kürzer, und zwischen den Ohren fällt das bis zu 18 cm lange Haar nach hinten. Shelties mit Krone werden als Coronet (Crested Sheltie) bezeichnet. Das Sheltie-Meerschweinchen hat keinen Pony.

- Texel: Diese eher jüngere Rasse verbindet Sheltie- und Rex-Merkmale. Ihr lockiges Fell verleiht ihr ein einzigartig kuscheliges Aussehen. Am Kopf hat das Texel-Meerschweinchen kurze Haare. Wirbel gibt es nicht. Lockige Langhaarmeeris mit Krone nennt man Merino. Das Alpaca verbindet Peruaner- und Texel-Merkmale.

- Neue, bei uns noch nicht allgemein anerkannte Rassen sind zum Beispiel Ridgebacks und Curlys.

Agoutis

▸ Agoutis zeigen den für die Wildformen typischen Farbaufbau, der das Fell wie „meliert" aussehen lässt. Es gibt drei verschiedene Haartypen und eine Kombination von zwei Farben: der Unterfarbe und der Deckfarbe. Das gleichmäßige Gemisch dieser Haartypen lässt das „Ticking" entstehen. Die Deckhaare sind einfarbig dunkel, das einzelne feine Haar ist jedoch zwei- oder dreifach gebändert, wobei sich das Band der helleren Farbe in der Mitte bzw. an der Spitze befindet. Da sich am Bauch nur Haare der einen Kategorie befinden, erscheint dieser einfarbig.

▸ Goldagouti: Die Grundfarbe ist schwarz, Bänderung und Bauch sind rot, die Augen dunkel. Folgende Agoutifarben sind außerdem anerkannt: Silber-Agouti, Grau-Agouti, Creme-Agouti, Cinnamon-Agouti, Lemon-Agouti, Salm-Agouti, Orange-Agouti.
Die Solid-Agoutis sind eine Sonderform, bei der sich das Ticking der entsprechenden Farbe am Bauch fortsetzt. Es gibt sie in den gleichen Farben wie die Agoutis.

▸ Argente-Farben: Hier hat jedes Haar zwei Farben. Die Haarspitzen weisen ein sogenanntes Tipping in der helleren Farbe auf.

▸ Tarnfarbene Meerschweinchen sind zweifarbig und erscheinen „ungetickt".

Farben

▸ Einfarbige Meerschweinchen sollen so gleichmäßig wie möglich in der Farbe sein, das heißt, die Unterfarbe soll der Deckfarbe gleichen, wobei der Bauch meist etwas matter erscheint. Man unterscheidet die Farben der Schwarz-Braun-Reihe: Schwarz, Slateblue, Schoko, Lilac, Beige; die der Rot-Gelb-Reihe: Gold, Safran, Rot, Buff, Creme; sowie Weiß.

▸ Bei mehrfarbigen Meerschweinchen gibt es eine Vielzahl von Farbmustern und -verteilungen, die Zeichnungen. Die Drei- und Vierfarbigen kombinieren Weiß mit anderen Farben. Schildpatt weisen scharf abgegrenzte rote und schwarze Farbfelder auf. Bei Dalmatinern ist der Körper weiß mit einzelnen farbigen Flecken und der Kopf farbig mit Blesse. Beim Schimmel sind Kopf und Beine farbig. Tiere mit Himalajazeichnung zeigen eine dunkle Maske, dunkle Extremitäten und Ohren (auch Siam genannt). Sie kommen einfarbig weiß auf die Welt, die Färbung kommt erst später durch. Brindle erscheinen rot und schwarz durchmischt. Die Holländer-Zeichnung setzt sich zusammen aus Kopfplatten, der Bandzeichnung und den „Manschetten".

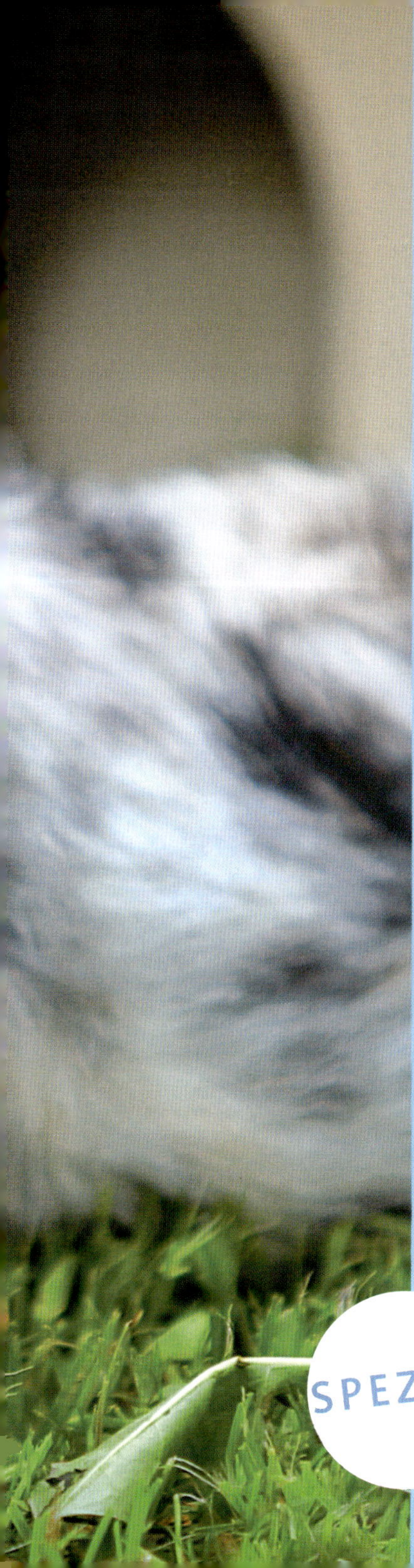

Wohn-welten

20 Je größer, desto besser

22 Wohnen nach Wunsch

24 Selbstbau-Wohnungen

26 Freilauf im Zimmer

28 Wohnwelten im Garten

32 Intelligentes Wohnen

36 So wird's nicht langweilig

SPEZIAL 38 Lern- und Bewegungsspiele

Je größer, desto besser

Je mehr Platz, desto mehr Einrichtungsgegenstände und damit umso mehr Abwechslung und Lebensqualität können geboten werden. Eine Mindestgröße von 120 cm mal 50 cm sollte für zwei Meerschweinchen vorhanden sein, bei reiner Männchenhaltung etwa 50 % mehr Platz. Ideal ist eine für den Standort optimierte Käfiggröße, was am besten durch Selbstbau zu realisieren ist. Im Zoofachhandel käufliche Käfige haben vorgegebene Größen, die wenig Flexibilität ermöglichen.

Passender Standort

Für das Wohlergehen außerordentlich wichtig ist der passende Standort für den Lebensraum Ihrer Meerschweinchen.

- Meerschweinchen haben gerne etwas „Aussicht": ein leicht erhöhter Standort ist optimal, auch für den Salatgeber von Vorteil, da das Bücken zum Futtergeben und Ausmisten wegfällt.
- Meerschweinchen haben aufgrund ihrer Augenstellung einen größeren Sichtradius als wir Menschen!
- In einigen Tierschutzgesetzen ist sogar eine Mindesthöhe des Käfigs von 60 cm über dem Fußboden vorgeschrieben. Bei Selbstbauten

Beim Selbstbau sind der Fantasie kaum Grenzen gesetzt.

kann es allerdings von Vorteil sein, die unterste Etage knapp über dem Boden zu haben, um mit kleinen Türchen Freilauf direkt aus dem Käfig zu ermöglichen!

Frische Luft

Stickige Räume mit Küchendüften, Zigarettenqualm, Staub oder chemischer Luftbelastung durch Farben oder Ähnliches sind unserer Gesundheit genauso abträglich wie der der Meerschweinchen. Zugluft in der Nähe geöffneter oder undichter Fenster oder Türen ist Gift für die kleinen Lieblinge!

Viele Faktoren tragen zum Wohlbefinden bei.

SMART

Zu warm

› **Meerschweinchen** haben ähnliche Ansprüche an den optimalen Lebensraum wie wir Menschen auch: Licht, Luft, viel Platz und behagliche Temperaturen.
Große Hitze durch die direkte Nähe von Heizkörpern oder durch starke Sonneneinstrahlung schadet den Meerschweinchen. Dies gilt auch für den Transport zum Tierarzt in einem Behälter.

▸ **Die optimale** Umgebungstemperatur für Meerschweinchen liegt zwischen 18 und 22 °C. Eine zu hohe oder zu niedrige Luftfeuchtigkeit ist schlecht für die Atemwege. Mehr als 75 % Luftfeuchtigkeit kann zudem die Pilzsporenbelastung in der Luft stark erhöhen.

Unter freiem Himmel

Diese Faktoren sollte man auch bei eventueller Außenhaltung der Meerschweinchen beachten. Die Vorfahren der Hausmeerschweinchen leben in großen Höhen in den Anden, eine Gegend, in der fast wüstenhafte Bedingungen verbunden mit niedrigen Temperaturen herrschen!

▸ **Trockene Kälte** können Meerschweinchen daher gut ertragen. Diese herrscht bei uns allerdings selten.

▸ **Hohe Luftfeuchtigkeit,** auch im Winter, kann Meerschweinchen daher mehr zu schaffen machen als große Kälte, wenn sie diese gewohnt sind.

Wohnen nach Wunsch

Wählen Sie handelsübliche Käfige möglichst groß – hier erfahren Sie zudem, wie Sie die Innengestaltung optimieren.

Lebensraum vergrößern

Die Verbindung mehrerer Käfige kann den Lebensraum vergrößern und Struktur in den Käfig bringen. Man kann die Käfige nebeneinander stellen. Jeweils eine Gitterseite wird dazu entfernt und die Käfige werden an den offenen Seiten verbunden. Manche Käfige haben seitlich kleine Türchen. Eine kleine Holztreppe kann den Übergang erleichtern.

Im Idealfall haben Häuschen zwei Ausgänge.

- Wer wenig Platz zur Verfügung hat, kann zwei Käfige übereinander stellen und in die Bodenplatte des oberen Käfigs eine Öffnung schneiden. Ein kleines Brett mit Verstrebungen oder einem Rutschschutz kann dann als Leiter beziehungsweise Rampe dienen!
- Eine große hohe Bodenwanne eines Käfigs kann als großer Auslauf verwendet werden, ein quer darüber gestellter Käfig als Unterkunft.
- In den handelsüblichen Käfigen können kleine Sitzbretter die Nutzfläche vergrößern. Mit geringem Aufwand kann man solche aus Vollholz gefertigten Brettchen am Gitter einhängen! Zur Stabilisierung werden sie an zwei Seiten am Gitter befestigt. Man kann sie parallel zur Längsseite oder Querseite des Käfigs oder über die Ecken montieren. Auf diese Bretter können passend geschnittene Filzbodenfliesen als Rutschschutz geklebt werden. Bienenwachs oder wasserlösliche Lacke machen das Holz resistenter gegen Feuchtigkeit.
- Meerschweinchen lieben „Aussichtspunkte“ und sitzen gern und lange auf erhöhten Stellen.
- Der Fantasie sind beim Umbau kaum Grenzen gesetzt. Es sollte dabei allerdings nie vergessen werden, dass die Unterkünfte leicht zu reinigen bleiben. Die Sauberkeit sollte nicht unter dem vergrößerten Platzangebot oder unter sperrigen Einrichtungsgegenständen leiden!

Achtung, Gefahr!

Leider wird die Heimtierindustrie nicht immer genügend von erfahrenen Heimtierhaltern beraten: Dies führt manchmal zu nicht optimalen Käfigen und Einrichtungsgegenständen, die einige Gefahrenquellen bergen.
Verwenden Sie im Interesse der Meerschweinchen ausschließlich Käfige mit Kunststoffbodenwanne und Gitter-

teil. Leider werden immer wieder Käfige mit einer Abdeckhaube aus durchsichtigem Kunststoff und nur einem kleinen Gitterdeckel angeboten – diese verhindern einen ausreichenden Luftaustausch. Es kann im Käfig zu einer gefährlichen Ansammlung von Ammoniak, der durch die Zersetzung von Harn entsteht, kommen. Dauerbelastungen mit diesem Stoff können zu Atemwegserkrankungen führen! Bei der Verwendung von Käfigen mit Gitteroberteil müssen trotzdem einige Dinge beachtet werden. Fast alle im Handel befindlichen Käfige haben seitliche Türchen zum Hoch- und Niederklappen. Wenn den Meerschweinchen Freilauf gewährt wird, sollten die geöffneten Klappen mit einem Brettchen überdeckt werden. Die kleinen Fellnasen könnten sich in den Gittersprossen verheddern und dann verletzen. Manche Meerschweinchen sind wahre Sprungkünstler und springen über die geöffnete Türe, den meisten Tieren sollte aber ein Holztreppe oder Rampe geboten werden. Auch ein Teil der im Handel befindlichen Häuschen ist nicht optimal. Hübsch gestaltete Häuschen mit kleinen Fenstern können heranwachsenden Meerschweinchen zum Verhängnis werden. Diese können, wenn sie zu groß für die Öffnung geworden sind, stecken bleiben und sich schwer verletzen oder sogar sterben.
Häuschen mit großer Öffnung oder noch besser mehreren Türchen oder einer offenen Seite sind vorzuziehen. Auch kleine Rampen oder Tunnel mit zwei Öffnungen sind besser geeignet! Manche Heuraufen aus Metall oder auch Kunststoff können ebenfalls zur Gefahrenquelle werden. Viele Meerschweinchen liegen gern im Heu und drücken sich durch die Stäbe der Raufen ins Heu. Bei plötzlichen Bewegungen in Käfignähe, beim Erschrecken oder im Streit können die Quieker dann hängen bleiben und sich verletzen.

Hier oben ist der Ausblick einfach besser.

SMART

Tolle Aussicht

› **Mit wenig Aufwand** kann man kleine Sitzbretter in normalen Käfigen anbringen. Meerschweinchen mögen einerseits gerne die Deckung von oben und werden es lieben darunterzusitzen. Auf der anderen Seite schätzen viele einen Ausblick und genießen es, ausgiebig Ausschau nach dem nächsten Salatblatt zu halten.

Selbstbau-Wohnungen

Mit etwas handwerklichem Geschick kann man tolle schweinchengerechte Meeri-Wohnungen bauen.

Bretter und Regale

Mit wenig Aufwand kann ein großes Bücher- oder Küchenregal aus einem Möbelhaus verwendet werden. Es kann für einen mehrstöckigen Wohnbau eine ideale Grundlage sein. Regale können passend zu den Zimmermöbeln gewählt werden, wodurch auch eine optisch ansprechende Lösung gefunden werden kann.

Diese Konstruktion lässt sich auch als Sitzplatz nutzen.

Wer punkto Platzangebot nicht flexibel ist, sollte sich eine Konstruktion überlegen, die an den vorhandenen Platz ideal angepasst ist. Man kann sich die Bretter dafür in einem Baumarkt oder einem Holzgeschäft zuschneiden lassen.
Wir haben sehr gute Erfahrung mit sogenannten „MDF“- (Mitteldichte Faser-) Platten. Sie sind zwar teurer und auch schwerer als normale Faserplatten, aber stabiler und leichter zu streichen oder zu lackieren (dafür sollten nur wasserlösliche, speichelechte Farben verwendet werden).
Als „Grundkonstruktion“ kann einerseits ein Regal verwendet werden oder es wird, sofern genug Platz vorhanden ist, auf eine mehrstöckige Konstruktion verzichtet und eine große Auslauffläche gestaltet.
Eine große „Wanne“, ein Zimmergehege, umgrenzt von Acrylglas oder auch nur von etwa 25–30 cm hohen Brettern, kann ein wunderbarer Auslauf für Meerschweinchen sein. Problematisch bei größeren Ausläufen kann die Reinigung sein. Zu große Tiefen der Meerschweinchenwohnbauten macht es schwierig, sie effizient zu reinigen.
Naturholzbretter werden mit einem wasserlöslichen und speichelechten Lack oder mit Bienenwachs gestrichen beziehungsweise behandelt. Kunststofffurnierte Bretter sind meist weitgehend feuchtigkeitsabweisend.
Als Abgrenzung verwende man durchsichtiges Kunststoff- oder Acrylglas, das angeschraubt werden kann! Achtung, nicht zu viel Druck beim Anschrauben verwenden, das Glas zerspringt recht leicht! Die Löcher für die Schrauben müssen vorher gebohrt werden, wozu aber jeder „Normalbohrer“ geeignet ist! Eine Kunststoffunterlage zwischen Schraube und Glas verhindert das Zerkratzen des Glases.
Kunststoff- oder Acrylglas hat einige Vorteile: es ist leichter als normales Glas, weniger bruchanfällig, ganz einfach zu bohren und zu sägen. Meerschweinchen

springen nicht ins „Nichts“, eine Höhe der Abgrenzung von etwa 25–30 cm reicht daher vollkommen aus. Eine niedrigere wäre wegen herausfallender Einstreu von Nachteil, eine höhere Kante wegen der schlechteren Bedienbarkeit und schlechteren Belüftung.
Alternativ können kleine Kunststoffschienen am Boden und den Rändern angeschraubt werden, in die das Kunststoffglas eingesetzt werden kann. Nachteil dabei ist, dass nur absolut saubere Schienen ein problemloses Abdichten ermöglichen, sie aber durch Streu sehr schnell „verlegt“ sein können! Ein Holzrand von etwa 5 cm verhindert ein Herausfallen der Einstreu. Die Glasplatten können von vorne angeschraubt werden oder mittels Schienen oder Schlitzen eingeschoben werden und dann bei Bedarf entfernt werden.
Klarsichtkunststoffglas erlaubt auch mehr Lichteinfall und ermöglicht den Ausblick für die Insassen. Natürlich wird auch der „Einblick“ erleichtert!

Bitte praktisch

Ein sehr wichtiger Punkt bei Selbstbauten ist die leichte Bedienbarkeit. Bedenken Sie immer, dass der Abstand zwischen den einzelnen Ebenen nicht zu gering und ein bequemes Hineingreifen möglich ist. Nicht nur das regelmäßige Ausmisten sollte einfach sein, auch das Herausnehmen der Meerschweinchen sollte sich nicht zu kompliziert gestalten.
Ein zu geringer Abstand zur oberen Ebene und ein zu kleiner Spalt zwischen vorderer Abdeckung und der darüberliegenden Ebene verhindern ein problemloses Herausfangen und Ausmisten.
Manche „Konstrukteure“ von Selbstbaukäfigen legen den Boden der Käfige mit fester Teichfolie aus. Diese kann dann zur leichteren Reinigung entnommen werden und in der Bade- oder Duschwanne abgebraust werden!
Sind andere Heimtiere im gleichen Haushalt, die eventuell für die Meerschweinchen zur Gefahr werden können, muss eine Gitterabgrenzung beziehungsweise -abdeckung konstruiert werden.

Vorhandener Platz lässt sich mit Verbindungsröhren ideal nutzen.

SMART

Sauber halten

› **Acrylglas** ist weicher als normales Glas. Es kann daher leicht zerkratzt werden. Reinigen Sie es ausschließlich mit weichen Tüchern und ohne alkoholhaltige Putzmittel! Die meisten gängigen Fensterputzmittel enthalten Alkohol.

Freilauf im Zimmer

Neben großzügigen Selbstbauten kann beziehungsweise sollte man seinen Meerschweinchen auch Freilauf im Zimmer gewähren. Manche Freunde der kleinen Quieker erlauben sogar dauerhaften „Freigang“. Aber ein abwechslungsreich gestaltetes großes (Selbstbau-) Meerschweinchenheim kann beide Seiten auf Dauer glücklicher machen. Die Ansprüche der Menschen und Meerschweinchen an die Wohnwelt und die Umgebung unterscheiden sich so erheblich, dass bei dauerhaftem Freigang beide Seiten zu viele Kompromisse eingehen müssten. Meerschweinchen genießen die Abwechslung und den Spaß, der ihnen beim Freilauf im Zimmer geboten wird. Da Meerschweinchen Deckung von oben bevorzugen, werden sie große freie Flächen im Wohnzimmer meiden. Auch glatte Böden werden nur ungern benutzt. Ein rutschfester Boden ist Bedingung. Man kann alte Teppiche oder Flickenteppiche aus dem Möbelhaus verwenden. Mittels Pappröhren, Schachteln und Töpfen aus Ton kann man den Meerschweinchen einen abwechslungsreichen „Abenteuerspielplatz“ bauen.

Sicherheitscheck im Zimmer VOR dem ersten Freilauf:

Sind alle Kabel gesichert?

Sind alle Zimmerpflanzen so abgesichert, dass sie nicht beknabbert werden können? Viele Pflanzen in der Wohnung sind giftig oder unbekömmlich. Achten Sie auch auf herabgefallene Teile der Pflanzen.

Sind alle Türen geschlossen?

Sind alle Familienmitglieder informiert? Durch Unachtsamkeit kann es sehr schnell passieren, dass man seine Meerschweinchen schwer verletzt.

Sind alle wertvollen Dinge in Sicherheit gebracht? Der Perserteppich oder eine wertvolle Büchersammlung widerstehen den Nagezähnen der Meerschweinchen sicherlich nicht!

Eigentlich nicht erwähnenswert, weil selbstverständlich: sind keine Zigaretten, Putzmittel oder andere unbekömmliche Dinge erreichbar?

Allein ins Heim

Manche Meerschweinchen lernen es, selbstständig wieder in das Meeri-Heim zurückzugehen. Sinnvoll ist es, einen Meerschweinchenkäfig zu haben oder zu konstruieren, aus dem die Tiere alleine „aus- und einsteigen“ können.
Die Gittertürchen sollten, wie schon erwähnt, durch Holzrampen oder Brettchen abgesichert werden. Durch

Beim Freilauf im Zimmer lassen sich Kontakte – z. B. über Leckerbissen – gut intensivieren.

gezieltes Futtertraining können die Tiere dazu gebracht werden, den Käfig wieder freiwillig aufzusuchen. Mit etwas Geduld und mit schmackhaften Leckerbissen gelingt dieses wahrscheinlich recht leicht!

Ruhe und Helligkeit

Unruhige Räume wie zum Beispiel stark begangene Vorräume, Kinderzimmer, oder Wohnzimmer mit Fernseher-Dauerberieselung sind keine ideale Umgebung für Meerschweinchenheime, andererseits ist eine Integration in den Wohnbereich zu wünschen. Im großen abwechslungsreich gestalteten Käfig mit mehreren Tieren tut sich immer etwas. Das kann dann direkt einmal den Fernseher ersetzen.

In Wahlversuchen wurde eruiert, dass Meerschweinchen hellere Käfige gegenüber dunkleren bevorzugen. Entgegen gängigen Klischees sollte daher das Meerschweinchen nicht in einem dunklen Winkel der Wohnung leben!

Das Ergebnis der Versuche wurde so erklärt, dass Meerschweinchen, die ja mindestens zu zweit gehalten werden sollten, bei mehr Licht besser Blickkontakt zu Artgenossen aufnehmen, sie sich vor ungewohnten Bewegungen in Käfignähe und fremden Geräuschen schneller zurückziehen können.

SMART

Hin- und zurück

› **Noch sinnvoller** ist es, die Meerschweinchen selbstständig aus dem Heim herauskommen zu lassen. So werden sie den Weg zurück auch schneller finden. Übrigens werden nur die wenigsten Meeris stubenrein.

Wohnwelten im Garten

Eine schöne, meerschweinchengerechte Form der Haltung ist die Außenhaltung im Garten oder auf dem Balkon. Dies kann für Allergiker eine Alternative zur Haltung in der Wohnung sein. Die Belastung durch Staub und Allergene aus dem Heu können stark reduziert werden.
Meerschweinchen vertragen das Leben im Freien gut. Sie tolerieren auch große Kälte, allerdings nicht in Verbindung mit Feuchtigkeit!

Sommer und Winter

Bei ganzjähriger Freihaltung müssen wetterfeste, nach allen Seiten isolierte und gute belüftete Ställe als Schlafstätten vorhanden sein. Zur zusätzlichen Isolierung sollten diese Häuser abends mit Heu gefüllt werden! Es wird nicht nur gern gefressen, sondern wärmt auch!

▸ Die Häuser im Freien wähle man nie zu klein. Häuschen, die im Haus oder der Wohnung durchaus geeignet sind, sind im Freien nur in der warmen Jahreszeit zu empfehlen.

▸ Zu kleine und unisolierte Häuschen können die Meerschweinchen dazu verleiten, darin zu übernachten – aber sie kühlen darin aus. Vertrauen Sie nicht auf die „Vernunft" der Tiere!

▸ Die Außenställe sollten mit Gitter geschützt sein. Am besten ist es, eine Art Voliere zu gestalten, die begehbar ist. Eine Absicherung ist nötig, da Katzen, Ratten, Marder, Krähen, Greifvögel und Eulen eine Gefahr für Meerschweinchen sein können.

▸ Die dauerhafte Haltung im Freien erfordert vor allem nachts einen guten Schutz gegen ungebetene Gäste! Das Gitter sollte so engmaschig sein, dass auch Mäuse und junge Ratten nicht durchschlüpfen können. Es gibt auch Fälle, wo Marder durchs Gitter Tiere verletzt haben.

Gut geschützt

Eine Abdeckung der gesamten Freianlage mit Wellkunststoffdächern oder

Checkliste zum Dauer-Außengehege

Checkliste zum Dauer-Außengehege
Windgeschützter Standort nicht in der prallen Sonne
Komplett oder großteils lichtdurchlässig überdacht
Festes Drahtgitter rundherum – vor allem als Schutz gegen „Einbrecher" wie Katzen, Greifvögel, Krähen oder Marder. Gitter mindestens 20 cm im Boden eingraben.
Großes, nach allen Seiten gut isoliertes, aber belüftetes Schlafhaus (Mindestgröße 0,75 m^2) ohne Zugluft
Verstecke im Außengehege in Form von Wurzeln, kleinen Baumstämmen und Höhlen
Keine giftigen Pflanzen innerhalb oder nahe des Geheges

Kartons lassen sich für einen zeitweisen Aufenthalt im Freien ideal als Spielplatz nützen.

anderen lichtdurchlässigen Materialien ist ideal. Sie lassen Licht durch, verhindern aber eine Durchnässung des Bodens.
Die Verbindung zum Innenstall kann über Röhren erfolgen. Ein direkt angebautes Gartenhaus kann auch mittels Katzenklappen von den Meerschweinchen betreten werden.
Das Gartenhaus, das komplett oder teilweise als Innenstall dient, sollte gut isoliert werden. Man kann eventuell einen elektrischen Frostwächter anbringen, der natürlich so montiert werden muss, dass es keinerlei Verbrennungsgefahr für die Meerschweinchen geben kann.
Brennbare Materialien wie Heu und Papier sollte sich nicht in der Nähe befinden.

SMART

Lieber trocken

› **In den Anden** Perus, Ecuadors oder Chiles herrscht eine höhere jährliche Durchschnittstemperatur als in Mitteleuropa, allerdings mit geringeren jahreszeitlichen Schwankungen. Es gibt größere Temperaturunterschiede innerhalb eines Tages als während des Jahres. Die Lebensräume der wilden Meerschweinchen sind großteils recht trocken, mit sehr niedriger Luftfeuchtigkeit und wenig ergiebigen Regenfällen.

Zutraulich

Von manchen Haltern wird befürchtet, ihre Meerschweinchen könnten in einem Gartengehege „verwildern". Wer sich jedoch genauso oft und viel mit seinen Tieren beschäftigt und sich auch bei jedem Wetter zu seinen Lieblingen gesellt, wird auch sehr viel Spaß und Freude mit seinen zahmen Freunden haben.

Laufställe

Eine Alternative zu festen Bauten im Garten können Laufställe sein. Meerschweinchen in versetzbaren Laufställen sollten nie unbeaufsichtigt bleiben! In den Rasen oder besser die Wiese gestellte Laufställe müssen absolut ausbruchsicher sein. Unebenes Gelände oder sehr hohes Gras kann Spalten zwischen Gitter und Boden freilassen und damit ein Entkommen Ihrer Lieblinge ermöglichen!
Vergessen Sie hier aber auch nie den Sonnenschutz. Meerschweinchen, die vorher nur in der Wohnung waren, können, wenn sie vorher nicht ausreichend an Grünfutter gewöhnt wurden, Durchfall und/oder Blähungen vom Gras bekommen. Verfüttern Sie schon vor dem Ausflug in den Garten vermehrt und häufiger Grünfutter.

Im Bereich des Auslaufs sollten keine giftigen Pflanzen wachsen.

Sommerwohnsitz

Die versetzbaren Laufställe sind nur für die warme Jahreszeit geeignet. Der fehlende Regenschutz und das nicht vorhandene isolierte Innenhaus machen es nur für die schöne Zeit des Jahres praktikabel.
Natürlich sollten im temporären Freigehege Unterschlupfe in Form von Röhren, Tunnels oder Weidenbrücken nicht fehlen.
Ein mit Gitter verschlossener Laufstall verhindert mögliche Angriffe von Katzen oder Greifvögeln. Kein Tierbesitzer kann permanent aufmerksam sein! Und es gibt Fälle, wo fast in Reichweite der Besitzer Meerschweinchen oder andere kleine Heimtiere von tierischen Garteneindringlingen attackiert wurden.
Achten Sie auch unbedingt auf herabfallende oder herabgefallene Blätter oder Nadeln. Viele Zierpflanzen in den Gärten sind unbekömmlich oder sogar giftig.

Auf Balkon und Terrasse

Wer keinen Garten, aber einen Balkon oder eine Dachterrasse zur Verfügung hat, kann auch hier seinen Lieblingen ein Gehege bauen. Es sind dabei die gleichen Dinge wie auch im Garten zu beachten. Meistens jedoch sind Balkone oder Terrassen mehr der Sonne und dem Wind ausgesetzt als Standorte im Garten. Manche Balkone können vor allem im Sommer wahre Hitzespeicher sein.

Ideal für den zeitweisen Aufenthalt im Freien während der warmen Jahreszeit sind rasch aufbaubare Laufställe.

▸ Wie auch bei Gartengehegen ist eine gute Isolierung Bedingung, allerdings darf dabei nie die gute Belüftung vergessen werden. Im Winter kann die Sonne auch bei Minusgraden lokal recht hohe Temperaturen bewirken. In einem nicht ausreichend belüftbaren Innenhaus der Meerschweinchen kann es dann sogar im Winter zu heiß werden.

▸ Zu beachten ist außerdem, dass viele Balkone einen Spalt zwischen Geländer und Fußboden haben. Entlaufene oder Meerschweinchen beim „Freigang“ können da leicht abstürzen.

Temperaturschock

Im Freien gehaltene Meerschweinchen dürfen bei niedrigen Außentemperaturen nicht ins Haus genommen werden. Der Temperaturschock wäre für den Kreislauf der Meerschweinchen sehr problematisch.

▸ Umgekehrt ist es auch nicht möglich, Meerschweinchen, die im warmen Wohnzimmer gehalten werden, bei niedrigen Außentemperaturen ins Freie zu setzen. Eine mindestens einwöchige Übergangszeit in einem kühleren Raum hilft den Meerschweinchen bei der Umstellung. Als Faustregel kann man sagen: Man sollte den Meerschweinchen keinen größeren Temperaturunterschied als 5–7 °C zumuten!

SMART

Wohlbefinden

› **Setzen Sie** Ihre Meerschweinchen nur ins trockene Gras! Muten Sie ihren Lieblingen keine zu großen Temperaturunterschiede zu.

Intelligentes Wohnen

Nicht nur der Käfig selber, sondern auch die Inneneinrichtung trägt entscheidend dazu bei, dass die Meerschweinchen ihren Alltag abwechslungsreich und anregend gestalten können. Grundsätzlich ist zu beachten, dass Meerschweinchenkäfige vielseitig strukturiert sein und Unterschlupfe bieten sollten. Genügend freie Fläche zum Herumlaufen sollte natürlich auch vorhanden sein.

Auch im Garten kann man Meerschweinchenwelten bauen.

Wohnaccessoires zum Aufhängen

Vielen Kleinsäugerfreunden ist die Vorliebe von Ratten oder Frettchen für Hängematten oder -tunnel schon länger bekannt. Aber Hängematten für Meerschweinchen? Als wir auf einer Meerschweinchenausstellung erstmals die entsprechenden Produkte angeboten sahen, waren wir skeptisch. Sie entsprachen nicht unserem Bild, einen Kleinsäugerkäfig einigermaßen „naturnah" einzurichten. Aber warum sollte man sie nicht einfach dem heimischen Schweinehaufen anbieten und beobachten, was sie davon halten? – Die Neugiernasen sprangen nach kurzer Annäherungsphase in den Hängetunnel und probierten sofort alle Positionen aus, die Schweinchen darin einnehmen kann. Seitdem ist er ein begehrter Platz zum Relaxen oder für die Nachtruhe. Probieren Sie es auch!

▸ Nebenbei bemerkt: Entgegen unserer Annahme werden diese „Kuschelsachen" nur sehr selten mit Kot oder Urin verunreinigt!

Eigene Hängematten

Hängematten und Ähnliches können Sie entweder selber nähen oder als Fertigware kaufen (zum Beispiel bei Internet-Auktionshäusern, unter www.meerschweinchenverein.at oder www.meerschweinchen-portal.de finden Sie einen Link zur „Kuschelwelt").

▸ Natürlich können Sie Hängematten auch improvisieren: Ein entsprechendes rechteckiges oder quadratisches Stück Stoff kann zum Beispiel mit Wäscheklammern am Gitter eines handelsüblichen Käfigs angebracht werden. Das Material sollte leicht waschbar, nicht zu dünn und wegen der Gefahr, mit den Krallen hängen zu bleiben, nicht aus Frottee sein!

Pure Entspannung

Die „Kuschelsachen" sind sehr beliebt bei den meisten Schweinchen! Die Tiere scheinen besonders gut relaxen zu können – praktisch alle erdenklichen Liegepositionen werden gerne eingenommen. In übermütiger

Stimmung kann man außerdem wunderbar hinein- und wieder herausspringen.
Ein paar mögliche „Nachteile“ sollen aber auch nicht unerwähnt bleiben: unter Umständen könnte ein Tier „süchtig“ werden, besonders schüchterne Schweine verbringen möglicherweise die meiste Zeit im Kuschelsack, da sie sich darin besonders sicher fühlen. Leben zwei Böcke oder allgemein ein sehr dominantes und ein sehr untergeordnetes Tier zusammen, so sind Hängematten und Kuschelröhren sehr gut geeignet, da im Falle des Falles eine rasche Flucht möglich ist.
Die Kuschel-Accessoires müssen natürlich regelmäßig gewaschen werden, und man muss darauf achten, dass kein Schwein im Nassen sitzt, denn in Punkto Sauberkeit im Kuschelprodukt verhalten sich Meeris sehr unterschiedlich! Manche Nager knabbern den Stoff an; dann müssen die Stücke genäht oder bald entsorgt bzw. erneuert werden, um Hängenbleiben und Fressen des Materials zu verhindern.
Nicht alle Meerschweinchen nehmen Kuschelsachen mit der gleichen Freude an – so können sich die älteren unter ihnen vielleicht nicht dafür erwärmen. Andere werden die Accessoires multifunktionell nutzen – oben auf einer Kuschelrolle lässt es sich auch bequem liegen! Ist das Aufhängen im Käfig nicht möglich, so kann man auch ein passendes Holzgestell basteln oder fertig kaufen. Gerade auch in handelsüblichen Gitterkäfigen lassen sich die vorgestellten Kuschelwelt-Produkte leicht anbringen und die Wohnwelt aufpeppen!

Hängetunnels sind äußerst beliebte Schlaf- und Ausguckplätze.

SMART

Kuschelmodelle für Meeris

Folgende Produkte können Sie fix und fertig erwerben, alle mit 4 Schlaufen zum Aufhängen:

- Hängematte, ca. 40 × 32 cm
- Hängeschlauch/-tunnel, ca. 30 cm lang und 18 cm Durchmesser
- Hängenest/-höhle (Kuschelsack), ca. 30 × 29 cm

Innenausbau

Zur Inneneinrichtung gehören Häuser, Bodenbeläge und jede Menge Röhren und Tunnel. Und ganz besonders wichtig sind Heuraufen, damit den kleinern Nagern immer genug Grün zur Verfügung steht.

Häuser

Holzhäuser sollten unbedingt ein Flachdach haben, da sie dann auch gern als Aussichtsplattform genutzt werden. Zwei Türöffnungen sind ratsam, damit im Falle eines Konflikts das unterlegene Tier flüchten kann. Runde Fenster bergen hingegen die Gefahr des Steckenbleibens. Besser als Häuser sind Unterstände ohne Vorderfront und eventuell mit einem hinteren Seitenausgang. Im Unterstand sollte nach Möglichkeit die ganze Gruppe ohne aufgezwungenen Körperkontakt Platz haben. Zusätzliche Unterschlupfe sollten angeboten werden.
Gerade bei Rangstreitigkeiten und Vergesellschaftungen kommt es mit Häusern oft zu Problemen. Wenn es so weit gekommen ist – das

Bodeneinrichtung

Tunnel, Halbröhren: Holz oder andere Naturmaterialien sind Kunststoff unbedingt vorzuziehen: So können sie angeknabbert werden und dienen auch der Zahnabnutzung. Es gibt Modelle aus Weidenzweigen, Kork, Tunnel aus Gras.

Röhren: zum Beispiel Abflussrohre aus Kunststoff (aus dem Baumarkt), ideal auch zum Verbinden verschiedener Wohneinheiten oder für den Freilaufbereich. Sie dürfen nicht zu klein sein, damit die Gurkenfresser nicht darin stecken bleiben können. Gut geeignet sind auch Pappröhren (z. B. von Teppichen) – diese müssen natürlich erneuert werden, wenn sie verschmutzt sind.

Aluröhren (Ofenrohre) zum Verbinden verschiedener Ebenen des Käfigs. Tonröhren, wie zum Beispiel für Weinflaschen im Weinkeller.

„Stoffhöhlen“: Modelle zum Aufhängen beschrieben oder in „Bodenausführung“: Kuschelsitzplätze, Kuscheliglu, „Kuschelbett“, „Polster“.

Unterschlupf durch ein Dachbrett.

Treppen, Verbindungen zwischen den Käfigebenen oder auf eine Terrasse oder das Dach des Unterschlupfs. Achtung: Der Neigungswinkel darf nicht zu steil sein und es sollte keine Absturzgefahr bestehen.

Terrassen und ähnliche kleine Zusatzebenen.

Zum Abnutzen der Krallen: z. B. Ziegelsteine, Ytongsteine oder Natursteine.

Zur Grundausstattung jeder Schweinchenbehausung gehört ein passender Unterschlupf.

dominante Männchen oder Weibchen beansprucht das Haus für sich allein und es kommt gar zu Beißereien – sollte es entfernt und auf Etagen-Unterschlüpfe umgestellt werden.

Heu satt

Heuraufen sind wichtig, um Meerschweinchen immer die Möglichkeit zu bieten, frisches Heu zur Verfügung zu haben. Es gibt verschiedene Ausführungen: zum Einhängen ans Gitter aus Metall, Holz oder Kunststoff. Freistehend aus Holz in Form einer kleinen Krippe oder als eine Art Silo. Meerschweinchen lieben es, sich ins Heu zu legen. Achten Sie daher darauf, dass es keine Verletzungsmöglichkeiten gibt.

In skandinavischen Einrichtungshäusern gibt es Holzständer zum Geschirr-Abtropfen oder Lagern von CDs. Diese kann man als Heuraufe „zweckentfremden“.

Man kann auch aus grobmaschigem „Kaninchengitter“ (Sechseckgeflecht) einen Art Heukorb biegen, den man dann so hoch aufhängt, dass die Meeris das Heu zwar erreichen, aber nicht hineinspringen können.

SMART

Lecker

› **Bieten Sie** Ihren Schweinchen Zweige von ungespritzten Kernobstbäumen, Haselnusssträuchern, Weiden oder Buchen (Rot- oder Hainbuche) an! Im Frühling werden die Knospen und im Sommer die Blätter gerne gefressen. Und die Zweige werden benagt, vielleicht auch die Rinde gefressen. Auf jeden Fall ein gutes Training für Zähne und Kaumuskulatur und jede Menge Beschäftigung und Abwechslung!

Meerschweinchen werden gefordert

Wildmeerschweinchen in der Natur werden im täglichen Überlebens-„Kampf“ ständig gefordert. Sie erleben jahreszeitliche Wetter- und Vegetationsveränderungen und müssen sich auf wechselnde Gruppenmitglieder einstellen. Ganz zu schweigen von der ständigen Gefahr, die von Fressfeinden ausgeht und der damit erforderlichen Wachsamkeit. Im Gegensatz dazu erlebt das typische Wohnungsmeeri immer dieselbe Umgebung, bekommt sein Futter an gewohnter Stelle und hat wenig Grund, sich viel zu bewegen. Das mag zwar bequem klingen, geht aber mit der Zeit „auf den Geist“ und ist „stinklangweilig“. Kein Wunder, wenn so manches, womöglich einzeln gehaltene Schweinchen, fett und stumpfsinnig wird!

Gurke dient als Ansporn für manch sportliche Leistung.

Umgebung

Durch das Gestalten einer abwechslungsreichen Umgebung und vielfältiger Beschäftigungsreize kann man jedoch dafür sorgen, dass auch das Wohnungsschwein geistig und körperlich gefordert wird. Entscheidend ist auch die Größe des Käfigs – da Laufen eine der besten Sportarten für Meerschweinchen ist. An lebhaften, vitalen und pfiffigen Tieren werden auch die täglichen Salatgeber mehr Freude haben!

Denksport

In diesem Büchlein wollen wir Ihnen einige Tipps geben, wie Sie – oder Ihre Kinder – sich mit Ihren Schweinchen zusätzlich noch beschäftigen können. Lassen Sie Ihrer Fantasie freien Lauf! Aber überfordern Sie die kleinen Quieker nicht. Nach zehn bis fünfzehn Minuten Spiel oder „Training“ sollten

SMART

Gar nicht schwer

› **Auch mit einfachen** Mitteln lässt sich ein Lebensraum für Meerschweinchen schaffen, der diese Bezeichnung auch verdient. So können die natürliche Neugier und der Bewegungsdrang unserer vierbeinigen Mitbewohner befriedigt werden.

diese wieder die Möglichkeit haben, ihren eigenen „Geschäften" nachzugehen oder sich auszuruhen. Und manche Meeris werden aufgrund ihrer Ängstlichkeit für anspruchsvollere Spiele nicht zu begeistern sein.

Fantasievolle Futterplätze bieten vielerlei Anregung.

Vertrau mir

Grundvoraussetzung für jede spielerische Beschäftigung mit dem Meerschweinchen ist eine Vertrauensbasis von Seiten des Nagers. Hier sind Ihr Einfühlungsvermögen sowie Zeit und Geduld gefragt!

- Jedes Schweinchen besitzt seine unverwechselbare Persönlichkeit: Aber neugierig sind sie alle! Die Frechen unter den prinzipiell eher ängstlichen Fluchttieren werden aber viel leichter zu motivieren sein als die Zurückhaltenderen.
- Setzen Sie sich anfangs nur neben den Käfig und reden Sie in beruhigendem Tonfall mit den Schweinchen – so werden sie Ihre Stimme fortan erkennen und lernen, dass von Ihnen nichts Schlimmes ausgeht. Laute Geräusche und plötzliche schnelle Bewegungen würden Ihre Lieblinge verschrecken.
- Als nächsten und wichtigen Schritt der Vertrauensbildung sollte das Meerschweinchen den Mut aufbringen, Futterstücke aus der Hand zu nehmen.
- Gleichzeitig beginnt man damit, sie regelmäßig für kurze Zeit auf den Arm oder den Schoß zu nehmen. Wenn man ein besonders ängstliches Tier zusammen mit seinem Kumpan auf den Schoß nimmt, fühlt es sich sicherer und beide Tiere können sich erfahrungsgemäß viel besser entspannen. Verängstigte Meerschweinchen sind an geweiteten Augen (Weißes sichtbar) und einer starren, verkrampften Körperhaltung zu erkennen.

Lern- und Bewegungsspiele

Meeris können die Grundfarben Gelb, Grün, Rot und Blau unterscheiden. Nutzen Sie diese Fähigkeit, um Ihrem Schweinchen etwas beizubringen. Futterspiele motivieren Ihre kleinen Lieblinge zu mehr Bewegung.

Meerschweinchen können zum Beispiel lernen, Leckerbissen von einem Klötzchen in einer bestimmten Farbe zu holen. Bieten Sie dem Schweinchen sonst gleichartige Klötzchen in den oben genannten Farben an und legen sie das Futter immer auf das gelbe Klötzchen. Bald wird Ihr kleiner Freund immer auf den gelben Futterplatz zulaufen, egal, an welcher Stelle er sich befindet.

Manche Meerschweinchenfreunde haben sich auch mit dem Clickertraining an Meeris versucht. Eine genaue Anleitung zu dieser in der letzten Zeit auch im deutschen Sprachraum sehr populär gewordenen Art des Tiertrainings möge man der Spezialliteratur oder einschlägigen Internet-Seiten entnehmen. Für alles gilt jedoch als Grundsatz: Schweinchen zu nichts zwingen! Von ihnen kann mein keine akrobatischen Leistungen wie von Ratten, Mäusen oder Degus erwarten!

1

◂ **Gemüseschnur** Fädeln Sie Gemüsestücke an einer Schnur auf und hängen Sie diese so hoch auf, dass sich die Meeris etwas strecken müssen, um abzubeißen. Oder lassen Sie sie ganz einfach Männchen machen, um von einem Petersilienzweig, den Sie in der Hand halten, abzubeißen! Oder: Stecken Sie Futterstücke in einen Ziegel oder ein Holzstück mit Löchern!

2

◂ **Labyrinth** Bauen Sie aus Pappkartons oder Wellpappe ein Labyrinth (ca. 15–20 cm hoch), verstecken Sie Futterstücke und lassen Sie Ihr Schwein danach suchen. Für den Anfang reicht auch eine Röhre oder eine Verzweigung. Meeris haben einen ausgezeichneten Geruchssinn! Sie erschnüffeln das begehrte Gemüse am anderen Ende. Für zögerliche Schweinchen kann man anfangs eine Spur mit den Gurkenstückchen legen.

▸ **Such die Leckerbissen!** Ein Spaß für alle Beteiligten: Kleine Salat- oder Gemüsestückchen werden zum Beispiel unter einem Heuhaufen oder in einer Klopapierrolle oder einer Pappkartonschachtel mit zwei Öffnungen versteckt. Dann kann man mehrere Schweinchen gleichzeitig loslassen und beobachten, welches die meisten Beutestücke findet.

3

4

▴ **Hindernisparcours oder Agility für Schweine** Bieten Sie Ihrem sportlichen Schwein circa 10 cm hohe Hindernisse (Holzstücke, Ziegelsteine, Rindenstücke, Äste, Ton-Blumentöpfe) zum Darüberspringen an.

Mit Labyrinthen, Wippen, Röhren, Ringen oder Reifen kann man einen regelrechten Hindernisparcours bauen und das Schweinchen zum Beispiel mit einem Petersilienzweig locken.

Zusammenleben mit Meeris

42 Heu sattt

44 In Gesellschaft mit anderen Tieren

SPEZIAL 48 Körpersprache verstehen

50 Babys – ja oder nein?

SPEZIAL 52 Tierschutz

54 Richtig kuscheln

56 Meeris in der Familie

Heu satt

Einer der wichtigsten Faktoren, die für ein langes und gesundes Leben der Meerschweinchen verantwortlich sind, ist die Ernährung. Hier sind einige grundlegende Dinge zu beachten …

Vegetarisch bitte

Meerschweinchen sind reine Pflanzenfresser und auf eine ballaststoffreiche und nährstoffarme Ernährung angewiesen. Die Darmperistaltik ist träge, daher müssen Meerschweinchen permanent fressen, um ständig Nahrungsbrei von oben „nachzufüllen“. Der Darm ist zu vergleichen mit einem langen Schlauch, in den ein zäher Brei eingefüllt wird. Es kommt nur so lange etwas heraus, wie oben etwas hineingestopft wird. Lassen Sie daher Ihre Meerschweinchen niemals hungern!

Löwenzahn zählt zu den beliebtesten Grünfuttersorten.

- **Heu** ist das Grundnahrungsmittel, das immer frisch vorhanden sein muss!
- **Frisches** und gutes und damit wertvolles Heu erkennt man am Geruch und an der Farbe: Es sollte leicht grünlich sein und frisch nach Heu duften.
- **Frisches Heu** besitzt eine ungeheure Anziehungskraft für Meerschweinchen. Geben Sie es mehrmals täglich in kleinen handvollen Portionen! Auch die Heuraufe sollte immer gefüllt sein!
- **Heu** ist auch wichtig für die regelmäßige Abnutzung der Zähne. Meerschweinchen haben nachwachsende Nagezähne, die bei zu geringer Abnutzung große Probleme verursachen können.
- **Frisches Wasser** muss immer vorhanden sein, obwohl es bei den Meerschweinchen ganz unterschiedliche „Trinkertypen“ gibt. Manche trinken reichlich, andere dagegen fast überhaupt nicht, das ist abhängig vom Frischfutterangebot.

▸ Meerschweinchen sind auf die regelmäßige Zufuhr von Vitamin C angewiesen. Besonders Petersilie, Paprika oder Löwenzahn enthalten viel davon. Vitamin C oder Ascorbinsäure kann zusammen mit Zitronensäure auch dem Trinkwasser zugegeben werden: 100 Milliliter Wasser, 20–50 Milligramm Vitamin C und 100 Milligramm Zitronensäure.
Vorsicht bei abruptem Futterwechsel. Zu viel Grünfutter in Form von Gras oder Salaten kann die Darmflora überfordern. Bittere Salate wie Endiviensalat, Radicchio oder Chicorée sind bekömmlicher, Kopfsalat und Rucola können sehr nitrathaltig sein. Verteilen Sie Frischfuttergaben über den Tag und geben Sie nur einwandfreie Qualität.
Kraftfutter in Form von Getreide oder Pellets oder auch altem Brot sollte nur in sehr kleinen Mengen und eher als Leckerbissen und nicht täglich gegeben werden.
Ein Esslöffel pro Tier reicht dann völlig aus! Zu viel Fett und Stärke im Kraftfutter können die Leber belasten und die Verdauung stören. Spezielle Meerschweinchenpellets sind meist mit Vitamin C angereichert und enthalten in der Regel alle wichtigen Nährstoffe, die anders als bei Körnerfutter von den Meerschweinchen nicht selektiv aufgenommen werden können.

Frischkost ist wichtig, um den hohen Vitaminbedarf der Meerschweinchen zu decken.

SMART

Auf die Waage

› **Eine wöchentliche** Gewichtskontrolle, zum Beispiel mit der Küchenwaage hilft, Übersicht über Gewichtszu- und abnahmen zu behalten. Dies ist ein wichtiger Hinweis auf den Gesundheits- und Ernährungszustand Ihrer kleinen Lieblinge.

In Gesellschaft mit anderen Tieren

Meerschweinchen sind Fluchttiere. Viele Faktoren können Ihre Lieblinge verängstigen. Auch wohlmeinende tierische Mitbewohner können dazuzählen.

Meerschweinchen und Kaninchen

Meerschweinchen und Kaninchen gemeinsam in einem Käfig zu halten, mag auf den ersten Blick nach einer idealen Lebensgemeinschaft aussehen. Nicht zuletzt ist es für den Kleinsäuger-Halter eine bequeme Möglichkeit, zwei Arten in einem Haltungssystem zu pflegen. Die Herkunft und Biologie der beiden scheinbar so gut harmonierenden Partner weist aber sehr große Unterschiede auf:

- **Wildmeerschweinchen** leben in Haremsgruppen mit engem sozialen Kontakt zu vielen Artgenossen.
- **Wilde Kaninchen** leben in komplexen unterirdischen Tunnelsystemen mehrerer Kleinstfamiliengruppen, deren Mitglieder sich oft alleine oder mit einem ausgesuchten Partner in eine Höhle zurückziehen.
- **Kaninchen** sind hauptsächlich während der Dämmerungszeiten aktiv. Meerschweinchen zeigen dagegen eher ein „polyphasisches“ Aktivitätsmuster mit wechselnden Ruhe- und Bewegungsphasen.

Partner nur fürs Foto, aber nicht fürs Leben.

Einer der Hauptunterschiede im Sozialsystem ist aber die Kommunikation. Meerschweinchen verständigen sich mithilfe einer sehr differenzierten Lautsprache, die meisten Quieker sind geradezu begeisterte Plaudertaschen.

Bei dieser Vielfalt an Lautäußerungen kann ein Kaninchen tatsächlich nicht mitreden. Die Hoppler warnen Gruppenmitglieder mit dem bekannten Getrommel mit den Hinterbeinen. Schreie stoßen sie nur in Angstsituationen oder bei der Paarung aus.

- **Ein Meerschweinchen,** das seine Lautäußerungen in Ermangelung eines Artgenossen weder von seinem hoppelnden Käfiggenossen noch vom zweibeinigen Pfleger erwidert sieht, muss mit der Zeit in seinem natürlichen Verhalten verkümmern.

Wissenschaftlich erwiesen

Sehr aufschlussreich in Hinblick auf die Frage, was Meerschweinchen von ihrer Vergesellschaftung mit Kaninchen halten, sind die Ergebnisse von wissenschaftlichen Wahlversuchen, die an der Universität Münster im Team des Verhaltensbiologen Prof. Norbert Sachser durchgeführt wurden.
Die Forscher ließen Meeris die Wahl zwischen einem Käfig, den es für sich allein hatte, und einem, den es mit einem Artgenossen teilen konnte. In einer zweiten Versuchsanordnung hatte das Tier unter den gleichen Bedingungen die Wahl, allein zu sein oder sich mit einem Zwergkaninchen aufzuhalten. Es zeigten sich deutliche Unterschiede im Wahlverhalten der Meerschweinchen, je nachdem ob sie zusammen mit dem anderen Schweinchen oder mit dem Kaninchen getestet wurden: Mit dem Artgenossen wurde weitaus mehr Zeit im selben Käfig verbracht als mit dem Zwergkaninchen. Im Verhalten zeigten sich ebenfalls Unterschiede: Die mit Zwergkaninchen gehaltenen Meerschweinchen zeigten im Vergleich zur Zwei-Meerschweinchen-Konstellation signifikant seltener „Beschnuppern" gegenüber dem Käfiggenossen und flohen häufiger vor ihnen; und es wurde verstärkt eine typische Schreckreaktion, das „Erstarren", registriert. Aus den Ergebnissen dieser Untersuchung lässt sich also schließen, dass Meerschweine im Allgemeinen das Alleinsein der Gesellschaft eines Kaninchens vorziehen.

Ein Kaninchen *ersetzt nicht den Artgenossen.*

SMART

Unpassend

- **Die Verletzungsgefahr** für das Meeri, insbesondere wenn es sich um ein Jungtier handelt, durch das Kaninchen ist auch nicht zu unterschätzen. Denn bei der Kombination der beiden Arten ist es in erster Linie das Meerschweinchen, das den Kürzeren zieht.

Meerschweinchen und Hunde

Die meisten Hunde akzeptieren alle Tiere im Haushalt als Familienmitglieder. Sie werden dann ebenso freundlich wie der Hundebesitzer behandelt.

Es gibt jedoch keine Sicherheit – als verantwortungsvolle Tierbesitzer müssen Sie allerdings abschätzen, wie weit Ihrem Hund zu „vertrauen“ ist.

Unserer Erfahrung nach gewöhnen sich Meerschweinchen recht bald an die Anwesenheit von Hunden. Vorsicht sollte man nur beim Freilauf walten lassen!

Meerschweinchen und Katzen

Katzen haben in der Regel einen ausgeprägten Spiel- und Jagdtrieb. In Haushalten mit Katzen sollten die Meerschweinchengehege gut abgedeckt sein, und die Katzen auch beim Freilauf der Meerschweinchen nicht die Möglichkeit haben, den Quiekern nachzujagen.

Wir wollen allerdings nicht unerwähnt lassen, dass es auch Katzen gibt, die es genießen, im Heu bei den Meerschweinchen zu schlafen und die von den Fellnasen ohne Angst akzeptiert werden.

Prinzipiell gehören die Meeris ins Beuteschema der Katzen – Vorsicht ist also beim Freilauf angebracht.

Meerschweinchen und kleine Säugetiere

Die Haltung mit kleinen Säugern wie Hamster, Ratten, Mäuse, Degus, Chinchillas oder Hörnchen funktioniert nur bei sehr viel Platzangebot.

Die unterschiedlichen Ansprüche und Temperamente sind nur sehr selten in Einklang zu bringen.

Ganz allgemein ist von Gemeinschaftshaltung abzuraten. In wenigen Ausnahmefällen klappt die Vergesellschaftung in einem Käfig. Kein Problem ist eine Haltung im gleichen Raum.

Meerschweinchen und Reptilien und Vögel

Reptilien und Vögel können Bakterien in sich tragen, die für die Tiere selber nicht krankheitsauslösend sein müssen, für Säugetiere jedoch sehr wohl gefährlich sein können.

Sollten Sie mit diesen Tieren hantieren müssen, waschen Sie sich bitte gründlich die Hände, bevor Sie Ihre Lieblinge anfassen. Reptilien und Vögel sollten daher auch nach Möglichkeit nicht im selben Raum wie Meerschweinchen oder andere Kleinsäuger gepflegt werden.

Körpersprache verstehen

Meerschweinchen reagieren bei Erschrecken oder Angst meist mit Flucht oder mit Erstarren. Dieses Erstarren wird aber oft falsch gedeutet. Das wird dann beim Herausnehmen oft so interpretiert, dass das Tier gar nicht mehr weg will.

Ein Meerschweinchen ergibt sich still seinem „Schicksal". In Wahrheit weiß es keinen Ausweg und ist erstarrt. Deutlich zu erkennen ist das auch an den weit aufgerissenen Augen, wobei am Augenrand etwas Weiß zu sehen ist.

Im Käfig können durch andere Faktoren, Entspanntheit oder Angst der Tiere zu erkennen sein: Meerschweinchen, die ganz offen und seitlich leicht eingedreht schlafen, fühlen sich pudel- (oder besser sau-)wohl. Hektisches Herumrennen oder sofortiges Aufspringen beim Annähern zeugt von großer Angst! In diesen Fällen ist einiges an der Gehegestruktur zu verändern und viel Geduld beim Zähmen gefordert.

Meerschweinchen, die permanent Stress ausgesetzt sind, verlieren oftmals an Körpergewicht. Eine regelmäßige Kontrolle kann daher Aufschluss über die Befindlichkeit Ihrer Lieblinge geben.

1 ◂ Meerschweinchen kommen als sogenannte Nestflüchter mit bereits geöffneten Augen und Ohren und vollständig behaart auf die Welt. Die Umwelt wird daher von Anfang an aufmerksam wahrgenommen. Der regelmäßige und intensive Kontakt zu Menschen sowie zu anderen Meerschweinchen ist bereits in der ersten Lebenszeit sehr wichtig und prägend. Selbstverständlich braucht die junge Familie auch ihre Ruhezeiten.

2

▸ **Mit beiden Händen** umfasst man Meerschweinchen so, dass alle Füße abgestützt werden – mit einer Hand umgreift man die Brust, mit der anderen das Hinterteil. Zum Tragen hält man das Schweinchen an die eigene Brust. Einerseits muss das Tierfest gehalten werden – damit es nicht herunterspringen kann, und andererseits darf man nicht zu fest zupacken, damit man ihm nicht weh tut. Das hier abgebildete Tier ist sichtbar völlig entspannt. Ängstliche Tiere müssen behutsam an das Herausnehmen gewöhnt werden.

3

◂ **Meerschweinchen,** die offen und seitlich leicht eingedreht ruhen, fühlen sich ganz offensichtlich sauwohl. Ein weiteres Zeichen für völlige Entspanntheit ist es, wenn Ihr Liebling bei einer Annäherung nicht sofort hektisch aufspringt. Ein passender Liegeplatz trägt zusätzlich zum Wohlbefinden bei und wird auch gern für eine willkommene Pause beim Freilauf genutzt.

Babys – ja oder nein?

Kleine Meerschweinchen-Babys sind sooo süß! Aber das Wachstum lässt sich nicht aufhalten, deshalb sollten Sie sich, bevor Sie Nachwuchs planen, gut überlegen, ob Sie auch später genug Platz und Liebe für die Tiere haben.

Meerschweinchen und Geburt

Es kann vorkommen, dass man schwangere Meerschweinchen – möglicherweise auch unwissend – übernimmt. Beim Kauf eines Weibchens, das älter ist als 5–6 Wochen und in einer größeren Gruppe lebt, kann von einer bestehenden Trächtigkeit ausgegangen werden. Oder man möchte einmal das Erlebnis genießen, junge Meerschweinchen von der Geburt an heranwachsen zu sehen. Die Bildung einer kleinen „Schweinefamilie" kann ja auch durchaus sehr reizvoll sein. Man darf nur nicht vergessen, dass Trächtigkeit und Geburt immer mit einem gewissen Risiko auch für das Muttertier verbunden sind!

Das einzige Zitzenpaar des Meerschweinchens befindet sich weit hinten, daher nimmt es beim Säugen eine Hockstellung ein.

Familienplanung

Und bitte bedenken Sie: Meerschweinchenweibchen können direkt nach der Geburt wieder gedeckt werden. Und das Männchen ist mehrere Wochen nach der Kastration noch deckfähig. Wenn Sie keine ausufernden Bestände Ihrer Lieblinge wollen, trennen Sie den Bock vor dem Werfen vom Weibchen oder lassen Sie ihn rechtzeitig kastrieren.

Der Nachwuchs ist da

▸ **Meerschweinchen** bekommen üblicherweise nach einer Tragzeit von durchschnittlich 68 Tagen ein bis sechs Junge. In den letzten Wochen der Schwangerschaft wird das Weibchen zunehmend rundlich, oft sind dann auch Bewegungen im Mutterleib zu sehen. Das

tragende Weibchen sollte in dieser Zeit nicht oder nur sehr vorsichtig herausgenommen werden, und es sollte keinem Stress – wie Lärm oder Veränderungen in seinem Lebensraum – ausgesetzt sein.
Die Geburt selber findet oft in den Morgen- oder Abendstunden statt. Es wird kein Nest gebaut, ein geschützter Platz ist ausreichend. Unmittelbar vor dem Ereignis setzen die Wehen ein, es ist auch möglich, dass das Weibchen Schreie ausstößt. Das Muttertier bleibt während der Geburt sitzen, die Jungen treten in kurzen Abständen aus; zwischen den Vorderbeinen hindurch reißt es die Eihaut mit den Zähnen auf. Bei unerfahrenen Weibchen und einer großen Wurfzahl kann es vorkommen, dass die Mutter sich anfangs nur um das erste Junge kümmert – hier kann es angezeigt sein, vorsichtig einzugreifen und die Eihäute aufzureißen, da die Babys sonst ersticken können.
Die Kleinen kommen mit einem Geburtsgewicht von etwa 60 bis 130 Gramm als typische Nestflüchter vollentwickelt mit offenen Augen und Fell zur Welt. Gleich nach der Geburt können sie herumlaufen und nehmen nach kurzer Zeit feste Nahrung zusätzlich zur Muttermilch auf. Etwa drei bis vier Wochen lang werden sie gesäugt. Die Fürsorge und Milch der Mutter sind jedoch für die gesunde Entwicklung absolut notwendig. Ab einem Alter von etwa fünf Wochen und einem Gewicht von etwa 250 Gramm können sie dann problemlos von der Mutter getrennt werden.

▸ **Vorsicht,** Meerschweinchen sind sexuell frühreif. Um die mit der Geburt verbundenen Risiken möglichst gering zu halten, und der Entwicklung der Jungweibchen nicht zu schaden, sollten Weibchen jedoch nicht vor dem 5. bis 6. Lebensmonat und mit einem Mindestgewicht von etwa 700 bis 750 Gramm erstmals gedeckt werden. Werden Weibchen in einem Alter von über circa 10 Monaten erstmals gedeckt, so ist das Risiko von Komplikationen bei Schwangerschaft und Geburt erhöht. ●

SMART

Patentante

› **Weibchen der Gruppe** können problemlos zusammenbleiben. Es gibt in der Regel keinerlei Streitigkeiten nach einer Geburt.

Für die Entwicklung des Sozialverhaltens sind Artgenossen wichtig.

Tierschutz

Es sollte wohl selbstverständlich sein, dass jemand, der sich Heimtiere anschafft, diesen das Ausleben ihrer artspezifischen Lebensweise ermöglichen will.

Tierschutz in Deutschland

Im deutschen Tierschutzgesetz wird bereits im ersten Paragrafen als Grundsatz definiert: „Zweck dieses Gesetzes ist es, aus der Verantwortung des Menschen für das Tier als Mitgeschöpf dessen Leben und Wohlbefinden zu schützen. Niemand darf einem Tier ohne vernünftigen Grund Schmerzen, Leiden oder Schäden zufügen."

Tierschutz in Österreich

Im Bemühen, zum Wohle der Tiere die artspezifischen Grundbedürfnisse in Form von Mindestanforderungen an die Haltung gesetzlich zu verankern, wurde in Österreich ein neues Tierschutzgesetz ausgearbeitet. Am 1.1.2005 trat das neue Bundestierschutzgesetz in Kraft. Dieses hat sich unter anderem zum Ziel gesetzt, tierfreundliche Haltungssysteme, auch in der privaten Heimtierhaltung, zu fördern. Bei der Haltung von Wirbeltieren ist grundsätzlich dem jeweiligen artspezifischen Sozialgefüge Rechnung zu tragen. Hierbei ist „der Mindestraumbedarf sowie die biologisch sinnvolle Anordnung des Inventars, der Strukturelemente und deren Reizspektren" zu beachten. Die gehaltenen Tiere müssen sich in arttypischen Ruhephasen in geeignete Rückzugsmöglichkeiten zurückziehen können und dürfen keiner Dauerbeleuchtung ausgesetzt sein.

Mindestanforderungen an die Haltung von Säugetieren/Kleinnagern:

- den Tieren ist ausreichend Beschäftigungsmaterial zur Verfügung zu stellen – Nagematerial für Nagetiere,

Artgerechte Gruppenhaltung wird mehr und mehr auch ein Anliegen der Tierschutzgesetzgebung.

- dreidimensionale Strukturierung.

Speziell zu Meerschweinchen ist vermerkt: „Meerschweinchen sind paarweise oder in Gruppen, jedoch nicht zusammen mit Kaninchen zu halten.
Die Käfiggröße für 1 bis 2 Tiere muss mindestens 100 × 60 × 50 cm (Länge mal Breite mal Höhe), die Grundfläche für jedes weitere erwachsene Tier mindestens 2000 cm² betragen. Den Tieren sind eine Schlafhöhle oder erhöhte Liegeflächen anzubieten."

Meerschweinchen brauchen genügend Platz zum Laufen.

Tierschutz organisiert

Immer mehr Vereine und Organisationen setzen sich in letzter Zeit im deutschsprachigen Raum mit viel Engagement und persönlichem Einsatz für Verbesserungen in der Haltung von Meerschweinchen ein. Auf diversen Tierschutzveranstaltungen und Kleintierausstellungen wird mit Broschüren und praktischem Anschauungsmaterial für ein besseres Verständnis der bisher nur als pflegeleichte Kindertiere betrachteten Nager geworben. Notfallstationen von Meerschweinchenfreunden bemühen sich heimatlos gewordene Quieker an verantwortungsvolle Tierhalter zu vermitteln.

SMART

Artgerecht ist ein Muss

› **Den vielfältigen** artgemäßen Bedürfnissen von Meerschweinchen in der Heimtierhaltung Rechnung zu tragen, ist kein „Spleen" von engagierten Tierliebhabern, sondern ein Erfordernis moderner Tierschutzgesetze!

Richtig kuscheln

Meerschweinchen sind von ihrer Natur her Fluchttiere. Die meisten Meeris lassen sich, auch wenn sie regelmäßigen Kontakt zu ihren Gurkengebern gewohnt sind, nur ungern einfangen und hochnehmen.

▸ **Das Greifen** von oben löst bei ihnen ein natürliches Fluchtverhalten aus – schließlich gehören Greifvögel zu den Hauptfeinden aller Kleinsäuger. Man sollte sie daher langsam und behutsam an das Herausnehmen gewöhnen. Langes Durch-den-Käfig-Jagen erschreckt sie – besser ist es, das Tier mit einem Stück Gurke anzulocken und zu greifen, wenn es an diesem knabbert.

Beim Halten immer mit der zweiten Hand absichern.

▸ **Ein großer,** gut strukturierter Wohnturm mit Unterschlüpfen macht das Einfangen nicht einfacher, aber die Lebensqualität der Meerschweinchen muss einem das wert sein.

▸ **Eine Alternative** zum direkten Greifen des Schweins ist es, das Tier vorsichtig in eine 30–40 cm lange Röhre zu treiben, mit den Händen die Öffnungen zuzuhalten und die ganze Röhre herauszunehmen. Auf dem Schoß lockt man das Meerschweinchen mit etwas Geduld heraus.

Diese Methode eignet sich auch gut für das Einfangen beim Freilauf in der Wohnung. Die Röhre mit dem Quieker legt man dann einfach vorsichtig in das Gehege.

Richtiges Anfassen

Umfassen Sie das Meerschweinchen mit beiden Händen so, dass alle Füße abgestützt werden – mit einer Hand greifen Sie es um die Brust, mit der anderen um das Hinterteil. Zum Tragen hält man das Schweinchen an die eigene Brust (Kopf immer nach oben).

▸ **Einerseits** muss das Tier fest gehalten werden, damit es nicht, falls es durch irgendetwas erschrickt, herunterspringen kann, und andererseits darf man nicht zu fest zupacken, damit man ihm nicht wehtut. Kinder sollten das Hochheben und Tragen unter Anleitung der Eltern üben.

Wenig kuschelig

So richtige Schmusetiere sind Meerschweinchen von Natur aus – trotz ihres hochsozialen Wesens – jedoch nicht. Untereinander haben sie eher selten und kurzfristig direkten Körperkontakt – im Unterschied zu vielen anderen sozialen Kleinsäugern wie zum Beispiel Degus. Gekuschelt wird

In Stresssituationen ist ein Partnertier besonders wichtig.

meist bei Stress (im Transporter zum Tierarzt vertragen sich sonst eher streitsüchtige Kumpane bestens!), bei der Jungenaufzucht oder bei Platzmangel.

Meerschweinchen und Hygiene

Übertriebene Hygiene ist nicht angebracht. Die Einstreu sollte regelmäßig ausgewechselt werden: etwa ein- bis zweimal wöchentlich austauschen genügt. Verschmutztes Heu muss man immer wegwerfen, da es schnell schimmeln kann. Den Käfigboden niemals mit scharfen Reinigungsmitteln reinigen, meist reicht heißes Wasser. Harnstein und andere Ablagerungen am Boden kann man mit etwas Zitronensäure anlösen und dann leicht entfernen. Eine Desinfektion ist in den meisten Fällen übertrieben und unnötig! Trinkwasserflaschen kann man mit Flaschenbürsten reinigen.

Meerschweinchen sind in der Regel reinliche Tiere, manche langhaarige Vertreter tun sich aber mit der Fellpflege schwer. Ein Haarschnitt, speziell in der Afterregion kann helfen, Kotverklumpungen zu verhindern.

SMART

Individuell

› **Meerschweinchen** sind individuell sehr verschieden. Manche Schweinchen werden es vielleicht genießen, von Ihnen „beschmust“ zu werden. Sie lassen sich selbst im Käfig bereitwillig am Hinterkopf kraulen. Andere werden bei jeder Annäherung panisch flüchten und nur mit viel Geduld (und Leckerbissen) etwas zahmer werden. In ihrer Jugend unzugängliche und hektische Tiere können im Alter auch ruhiger und zugänglicher werden.

Meeris in der Familie

Vom Umgang mit Heimtieren können Kinder ungemein profitieren. Gerade in der heutigen Zeit, wo insbesondere Stadtkinder wenig Zeit in der Natur verbringen, ist der enge Kontakt zu Tieren, und seien es auch „nur" Meerschweinchen, geeignet, das Verständnis für andere Lebewesen zu fördern und Zusammenhänge in der Natur begreiflich zu machen.

Halten Sie die Quieker immer sanft, aber sicher fest.

- **Der Umgang** mit einem Heimtier fördert Rücksicht, Verantwortung und Einfühlungsvermögen, also die so wichtige „soziale Kompetenz" bei Kindern und Jugendlichen. Jeder Tierfreund kann wohl auch aus eigener Beobachtung bestätigen, dass der Kontakt zum Heimtier außerdem „beruhigend" wirkt und somit Stress reduziert. Von diesem Aspekt her wäre es also durchaus positiv, „des Kindes" oder „der Kinder wegen" Meerschweinchen in die Wohnung zu holen.
- **Dass Tiere** kein lebendes Spielzeug sind, muss wohl nicht extra angemerkt werden. Allgemein gelten Meerschweinchen als ideale und pflegeleichte Haustiere für Kinder. In vielen Haushalten werden Meerschweine daher in erster Linie für das Kind oder die Kinder angeschafft. Die Eltern sollten sich aber vor der Anschaffung eingehend klar machen, dass sie die Verantwortung für die Tiere und deren Versorgung und Pflege tragen werden. Daher sollten auch alle erwachsenen Familienmitglieder Sympathie für Meerschweinchen aufbringen.

Achtung Allergie

Leider sind Meerschweinchen nach Katzen diejenigen Heimtiere, die die meisten Allergien auslösen. Vor ihrer Anschaffung sollte daher abgeklärt werden, ob ein Familienmitglied eine Meerschweinchenallergie aufweist – am besten durch einen Allergietest.
Das Risiko, dass bei langjährigem Kontakt später bei einem Familienmitglied eine Meerschweinchenallergie auftritt, besteht aber immer und sollte auch in die Überlegungen vor der Anschaffung und Auswahl von Heimtieren einfließen. Tierheime und Meerschweinchenvereine quellen über vor Quiekern, die wegen der plötzlich aufgetretenen Allergie eines Familienmitglieds abgegeben werden. Um das Auftreten einer Allergie nicht zu fördern, (und um nachts seine wohlverdiente Ruhe zu haben) sollten Meerschweinchen niemals in einem Schlafraum

Holzeinstreu ist leicht zu bekommen und hygienisch.

ihrer Zweibeiner gehalten werden!

Einstreu

Zur „Einrichtung“ der Wohnung gehört selbstverständlich auch der Bodenbelag, im Falle der Meerschweinchen eine saugfähige Einstreu. Es gibt eine Unzahl verschiedener Sorten, unsere und die Erfahrungen von zahlreichen Meerschweinchenhaltern zeigen aber, dass es kaum Besseres als „normale“ Holzeinstreu gibt. Hobelspäne vom Zoofachhandel sind relativ weich, saugfähig und meist relativ staubarm. Holzeinstreu aus dem Supermarkt ist oft recht staubig! Maiseinstreu ist eher schwer, teuer und zu hart für die zarten Meerschweinchenfüße. Es können sich dadurch leicht Abszesse an den empfindlichen Füßchen bilden.

Hanfeinstreu riecht recht unangenehm – zumindest für Menschennasen.

Katzenstreu ist laut einigen Tierschutzgesetzen als Einstreu für Meerschweinchen sogar verboten!

SMART

Ausprobieren

› **Bevor man** sich seinen Traum von einem Meerschweinchen erfüllt, sollte man zum Beispiel im Bekanntenkreis einmal probeweise intensiveren Kontakt mit den Tieren pflegen und seine Reaktion beobachten.
Bei Ausbleiben typischer Symptome wie Niesen liegt offenbar keine Allergie vor.

Meeris für Kids

Kinder sind in ihrer Fähigkeit, mit den kleinen Nagern einfühlsam umzugehen, individuell sehr verschieden. Hier ist die Einschätzung der Eltern gefragt, die letztlich auch die Verantwortung für das Wohlergehen der Vierbeiner tragen! Im Umgang mit den relativ schreckhaften Meerschweinchen ist Ruhe das oberste Gebot. Hektische Bewegungen oder gar Kindergeschrei verhindern die gewünschte Zutraulichkeit.

Kinder können vom Umgang mit Tieren profitieren.

Je nach Alter

Kids unter drei Jahren sollten Meerschweinchen nur anschauen dürfen. Bis zum achten Lebensjahr sollten beim Kontakt zwischen Kind und Nager immer die Eltern dabei sein. Die meisten Kinder können vorher nicht sicher einschätzen, wie viel sie dem Tier zumuten können.

Vorsicht zerbrechlich!

Meerschweinchen haben dünne und empfindliche Knochen und halten wohlmeinenden Kinderhänden nicht immer stand. Stürze – auch aus geringer Höhe – sind immer gefährlich. Knochenbrüche, Quetschungen und Blutergüsse sind für die kleinen Vierbeiner fatal. Kinder könnten das Tierchen auch fallen lassen, weil es aus Angst zugebissen hat. Die alltägliche Pflege und Käfigreinigung wird in den meisten Fällen Elternsache bleiben.

Fast zu lieb

Meerschweinchen gelten auch deshalb als gut geeignet für Kinder, weil sie im Allgemeinen sehr gutmütig sind, sich fast nie wehren und auch in großer Not selten zubeißen. Dies sollte nicht das Kriterium sein, dass die Wahl auf die südamerikanischen Nager fällt! Erzieherisch wertvoller sind sicher Tiere, die auch einmal deutlich zeigen, dass sie in Ruhe gelassen werden möchten.
Bei einer artgerechten Haltung und Pflege der Meerschweinchen können Kinder aber auch sehr viel Freude an diesen Tieren haben. Mit der Zeit werden sie lernen, die Körper- und Lautsprache der Meerschweinchen zu verstehen.

Nachtruhe

Die Schweinchen sollten nicht im Kinderzimmer untergebracht werden! Nächtliche Aktivitäten, Rascheln, Nagen sowie auch Staub von Einstreu und Heu können die Kinder erheblich stören.

Sicheres Halten von Meeris muss von Kindern erst erlernt werden.

Positive Aspekte

Auf dem Gebiet der modernen Psychologie wurden zahlreiche Studien durchgeführt, die belegen, dass Kinder von tierischen Hausgenossen in vielfacher Hinsicht profitieren. Tiere geben Selbstvertrauen – der tierische Freund akzeptiert das Kind so, wie es ist. Tiere fördern das Urvertrauen von Kindern, geben ihnen das Gefühl, ohne Vorbehalte angenommen zu werden.
Im Hinblick auf die Entwicklung der sozialen Kompetenz der Kinder ist der Kontakt zu Tieren und deren Pflege förderlich. Mit einem Heimtier werden Rücksichtnahme und Verantwortungsbewusstsein ganz selbstverständlich und automatisch geübt. Auch wenn Kinder noch nicht alleine für das Tier sorgen können, wird das Gefühl für Verantwortung auch dann geweckt und gefördert, wenn sie beim Füttern oder Käfigreinigen nur mithelfen. Eine Studie zur Kommunikationsfähigkeit von Kindern belegt, dass Kinder, die mit Tieren aufwachsen, lernen, Körpersprache besser zu deuten und bei nonverbaler Kommunikation gegenüber „tierlosen" Kindern im Vorteil sind.

SMART

Wohl überlegt

› **Kinder sollten** mindestens sechs Jahre alt sein, wenn sie Meerschweinchen als erste Haustiere bekommen. Oft verlieren Kinder rasch das Interesse an den Nagern.

Infoecke

Literatur

▸ **Fritz Dietrich Altmann: Meerschweinchen: gesellig – freundlich – aktiv.** Verlag Eugen Ulmer, Stuttgart 2006.

▸ **Ruth Morgenegg: Artgerechte Haltung – ein Grundrecht auch für Meerschweinchen** Tb Verlag. 2005.

▸ **Ilse Pelz: Mehr über Meerschweinchen.** Oertel + Spörer. 2004.

▸ **Gabriele Prust: Meerschweinchen.** Bede Verlag. 1996.

Making Of

▸ **Georg Gaßner** ist Kleinsäugetierexperte und hat schon einige Bücher zu diesem Thema verfasst.

▸ **Mag. Anja Bartels** ist Zoologin und begeisterte Meerschweinchenhalterin. Gemeinsam mit Georg Gaßner hat sie jahrelange Erfahrung mit der Haltung verschiedener auch exotischer Kleinsäuger.

▸ **Die Fotografin** Regina Kuhn ist freischaffende Fotodesignerin und Autorin mit jahrelanger Erfahrung in der Fotografie von Tieren.

Bildquellen

▸ **Anja Bartels und Georg Gaßner:** S. 25, 33.
▸ **Juniors Tierbildarchiv:** S. 47, 57.
▸ **Cornelia Schiketanz:** S. 20.
▸ **Heike Schmidt-Röger:** S. 38, 45.
▸ **Bildagentur Waldhäusl/ Arco Digital Images/Diez O.:** S. 44.
▸ **Bildagentur Waldhäusl/ Mc Photo:** S. 47.
▸ **Bildagentur Waldhäusl/ Panther Media:** S. 56.
▸ **Bildagentur Waldhäusl/ Wegner P.:** S. 46 (2), Seite 46 rechts.
▸ **Regina Kuhn:** Alle anderen Fotos und Titelbild.

Adressen

- **Verein der Meerschweinchenfreunde in Österreich**
Oberzellergasse 1/17/9
A-1030 Wien
mail@meerschweinchenverein.at
www.meerschweinchenverein.at

- **Meerschweinchenfreunde Deutschland (MFD) BD e.V.**
Geschäftsstelle:
MFD BD e.V.
Postfach 25 02 22
68085 Mannheim
www.meerschweinchenfreunde.de

Anbieter von großen artgerechten Meerschweinchenkäfigen:

- **www.kleintiere.ch**
- **www.nagers-ferienparadies.ch**
- **www.meero.ch**
- **www.kleintierstaelle.ch**

Impressum

Bibliografische Information der Deutschen Bibliothek
Die Deutsche Bibliothek verzeichnet diese Publikation in der Deutschen Nationalbibliografie; detaillierte bibliografische Daten sind im Internet über http://dnb.ddb.de abrufbar.

Wollgrasweg 41, 70599 Stuttgart (Hohenheim)
E-Mail: info@ulmer.de
Internet: www.ulmer.de

Lektorat: Silke Behling
Umschlag- und Innengestaltung: X-Design, München
DTP: juhu media, Susanne Dölz, Bad Vilbel
Druck und Bindung: Litotipografia-editrice Alcione, Trento
Printed in Italy

ISBN: 978-3-8001-5392-3

Internet

- **www.meerschweinchenverein.at**
- **www.meerschweinchenfreunde.at**
- **www.diebrain.de**
- **www.meerschweinchenhilfe.de**
- **www.meerschwein.ch**
- **www.fraumeier.org**
- **www.nager-in-not.at**

(Hinweis: Der Eugen Ulmer Verlag ist nicht für den Inhalt von Links verantwortlich.)

Haftung

Für Ihr Heimtier tragen Sie selbst die Verantwortung. Die in diesem Buch enthaltenen Empfehlungen und Angaben sind vom Autor mit großer Sorgfalt zusammengestellt und geprüft worden. Eine Garantie für die Richtigkeit der Angaben kann aber nicht gegeben werden. Der Autor und der Verlag übernehmen keinerlei Haftung für Schäden und Unfälle.

Infoecke

Register

Acrylglas 24
Agouti 17
Allergie 56
Anfassen 54
Angst 48
Anschaffung 12
Augenfarben 14
Außengehege 28

Beschäftigung 36
Bewegungsspiel 38
Böcke 8
Bodeneinrichtung 34

Einstreu 57
Ernährung 42

Farben 17
Freilauf 26

Garten 28
Geburt 50
Gefahren 22
Gemeinschaftshaltung 44
Gewichtskontrolle 43
Glatthaar 16
Grundkonstruktion 24
Gruppenzusammensetzung 6

Hängematte 32
Hängetunnel 33
Häuser 34
Hausmeerschweinchen 14
Heu 42
Heuraufe 23, 35
Hindernisparcours 39
Hobbyzüchter 13
Hunde 46
Hygiene 55

Käfig (handelsüblich) 22
Käfigbau 22
Kaninchen 44
Kälte 21
Kastration 9 f.
Katzen 46
Kinder 58
Kraftfutter 43
Kurzhaar 14, 16
Kuschelsachen 32

Labyrinth 39
Langhaar 14, 16
Laufstall 30

Männchenhaltung 6, 8
Meerschweinchenvereine 13, 53
Mindestgröße 20

Nachwuchs 50
Narkose 11

Operation 11

Peruaner 16

Rassemeerschweinchen 14, 16
Raumklima 21
Rex 16
Röhren 34
Rassen 16 ,17
Rosettenmeerschweinchen 16

Schmusen 54
Schopf 16
Selbstbaukäfige 20, 24
Sheltie 16
Sicherheitscheck 26
Sitzbretter 23
Standort 20

Temperaturunterschiede 31
Texel 16
Tierschutz 13, 52

Vertrauen 37
Vitamin C 43
Vögel 47

Winter 28

Zusammengewöhnen 7
Zweige 35